不做女强人，只做强女人

幸福女人正能量

常爱卿 编著

中国财富出版社

图书在版编目（CIP）数据

不做女强人，只做强女人：幸福女人正能量 / 常爱卿编著．—北京：中国财富出版社，2014.1

ISBN 978-7-5047-4895-9

Ⅰ.①不… Ⅱ.①常… Ⅲ.①女性—成功心理—通俗读物 Ⅳ.①B848.4-49

中国版本图书馆 CIP 数据核字（2013）第 228527 号

策划编辑 王秋萍　　责任印制 方朋远

责任编辑 康书民 宋 宇　　责任校对 梁 凡

出版发行 中国财富出版社

社 址 北京市丰台区南四环西路 188 号 5 区 20 楼　邮政编码 100070

电 话 010—52227568（发行部）　010—52227588 转 307（总编室）

010—68589540（读者服务部）　010—52227588 转 305（质检部）

网 址 http：//www.cfpress.com.cn

经 销 新华书店

印 刷 北京京都六环印刷厂

书 号 ISBN 978-7-5047-4895-9/B·0374

开 本 710mm×1000mm 1/16　　版 次 2014 年 1 月第 1 版

印 张 17.5　　印 次 2014 年 1 月第 1 次印刷

字 数 286千字　　定 价 35.00 元

前言

永葆正能量，做个强女人

罗马纳·巴纽埃洛斯是一位年轻的墨西哥姑娘，她16岁就结婚了。在两年当中她生了两个儿子，之后丈夫离家出走，罗马纳只好独自支撑家庭。但是，她决心谋求一种令自己及两个儿子感到体面和自豪的生活。

罗马纳带着一块普通披巾包起全部财产，跨过里奥兰德河，在得克萨斯州的埃尔帕索安顿下来。她在一家洗衣店工作，一天仅赚一美元，但她从没忘记自己的梦想，她要摆脱贫困过上受人尊敬的生活。于是，口袋里只有七美元的她，带着两个儿子乘公共汽车来到洛杉矶寻求更好的发展。

她开始做洗碗的工作，后来找到什么活就做什么。拼命攒钱直到存了四百美元后，便和她的姨母共同买下一家拥有一台烙饼机及一台烙小玉米饼机的店。

她与姨母共同制作的玉米饼非常成功，后来还开了几家分店。直到最后，姨母感觉到工作太辛苦了，便把股份卖给了她。

后来，她经营的小玉米饼店成为美国最大的墨西哥食品批发商，拥有员工三百多人。

在她和两个儿子经济上有了保障之后，这位勇敢的年轻妇女便将精力转移到提高美籍墨西哥同胞的地位上。

“我们需要自己的银行。”她想。后来她便和许多朋友在东洛杉矶创建了“泛美国民银行”。这家银行主要是为美籍墨西哥人所居住的社区服务。如今，银行资产已增长到两千两百多万美元，这位年轻妇女的成功确实来之不易。

起初，抱有消极思想的专家们告诉她：“不要做这种事。”他们说：“美籍墨西哥人不能创办自己的银行，你们没有资格创办一家银行，同时永远不会成功。”

“我行，而且一定要成功。”她平静地回答。结果她梦想成真了。

她与伙伴们在一个小拖车里创办起他们的银行。可是，到社区销售股票时却遇到另外一个麻烦，因为人们对他们毫无信心，她向人们兜售股票时遭到拒绝。

他们问道：“你怎么可能办得起银行呢？”“我们已经努力了十几年，总是失败，你知道吗？墨西哥人不是银行家呀！”

但是，她始终不愿放弃自己的梦想，努力不懈。如今，这家银行取得伟大成功的故事在东洛杉矶已经传为佳话。后来她的签名出现在无数的美国货币上，她成了美国第34任财政部长。

通过上面这个故事，我们可以看出，在女人成就梦想的路上，总是会遇到很多的困难。在通往成功的道路上，每一个人、每一个企业都是黑暗中的舞者，在不断的摸爬滚打中匍匐前进，每一次迈步都是艰难的。在艰难之中，我们可以做的就是让自己内心注满正能量的坚持，很可能，下一刻就会见到胜利的曙光。

面对人生的挑战，只要我们不气馁、不放弃，始终保持着一份淡定，一份与人生负能量对抗的信念，一切皆有可能。

张曼玉的成功现在是尽人皆知，而过去，在她成长的道路上，她却曾经为她错误的坚持付出过惨重的代价。刚进入演艺圈的时候，她还是个少女，那时，她只想在银幕上扮靓，只肯演妩媚动人的少女。演了几部电影之后，却没有得到预期的效果，观众不认可她的妩媚，不认可她演美貌少女时的表演。这个时候，圈里人就劝她，以她的形象、她的演技，她应该有很大的发挥余地，就算不演少女，也会取得成功。

这个建议本来是很好的，可那时，张曼玉很相信自己的演技，也相信自己的相貌，相信自己的青春，于是她固执己见，继续演美貌少女。这样又演了几部戏，结果还是没有取得预期的成功。

如此屡遭挫折，她终于痛定思痛，放弃了那些毫无意义的坚持，决定改变戏路。于是，一个接一个全新的角色出现了。从《新龙门客栈》里的老板娘到《宋庆龄》里的宋庆龄，从《一门喜事》里的新娘子到《甜蜜蜜》里的打工妹，从《济公》里的放荡妓女到《青蛇》里的可爱青蛇，她角色多变、演技出色，得到观众一致的认可。

这些电影也逐渐给张曼玉带来了巨大的声誉，她连续四次获香港金像奖最佳女演员奖。可以说，她获得了最辉煌的、让别人可望而不可即的成功。

面对机会，女人常有许多不同的选择方式，有的女人会单纯地接受；有的女人抱持怀疑的态度，站在一旁观望；有的女人则固执地不肯接受任何新的改变。而不同的选择，当然会导致迥异的结果。面对挫折，只有自强的女人才能战胜困难、超越自我。如果女人一味地想着等待别人来帮忙，只能落得失败的结局。凭着自己的不懈努力，女人完全有能力解决任何问题，不要觉得自己条件不佳或是困难重重就中途放弃，只要坚持不懈地努力，每个人都有强大起来的机会。

有一篇写周迅的文章，名为《十年以后你会怎样》，其中写道：

女人18岁之前，是个不知道自己想要什么的人，每天就在艺校里跟着同学唱唱歌、跳跳舞，偶尔有导演来找她拍戏，她就会很兴奋地去拍，无论角色多么小。直到1993年的一天，教她专业课的赵老师突然找她谈话，问她："你能告诉我，你未来的打算吗？"女孩儿一下子愣住了。她不明白老师怎么突然问她如此严肃的问题，更不知该怎样回答。

老师又接着问她："现在的生活你满意吗？"她摇摇头。老师笑了："不满意的话证明你还有救。你现在想想，十年以后你会怎样？"

老师的话很轻，但是落在她心里却变得很沉重。她脑海里顿时开始风起云涌。沉默许久后她说："我希望十年以后自己能成为最好的女演员，同时可以发行一张属于自己的音乐专辑。"

老师问她："你确定了吗？"她慢慢咬紧嘴唇，"是"，而且拉了很久的音。"好，既然你确定了，我们就把这个目标倒着算回来。十年以后你28岁，那时你是一个红透半边天的大明星，同时出了一张专辑。那么你27岁的时候，除了接拍名导演的戏以外，一定还要有一个完整的音乐作品，可以拿给很多很多的唱片公司听，对不对？""25岁的时候，在演艺事业上你要不断进行学习和思考。另外，你还要有很棒的音乐作品开始录制了。23岁必须接受各种各样的培训和训练，包括音乐上和肢体上的。20岁的时候开始作曲、作词，并在演戏方面要接拍大一点的角色……"

老师的话说得很轻松，但是她却感到一种恐惧。这样推下来，她应该马上着手为自己的理想做准备了。可是她现在什么都不会，什么都没想过，仍然为小丫鬟、小舞女之类的角色沾沾自喜。她觉得一种强大的压力忽然向自己袭来。老师平静地笑着说："要知道，你是一棵好苗子，但是你对人生缺少规划。如果你确定了目标，希望你从现在就开始做。"

想想十年后的自己——当她意识到这是一个问题的时候，她发现自己整个人都觉醒了。从那时起，她始终记得十年后自己要做成功的明星。所以，毕业后，对角色她开始很认真地筛选。渐渐地，她被大家接受了，她慢慢地尝到了成功的欢乐。

这个女人就是如今红遍全国、驰名海内外的影视歌三栖明星周迅。从1991年到2008年年初的18年，周迅已拍摄各类题材的影视剧37部，成为32种知名品牌的形象代言人。她已获得过45个影视歌奖项，百花奖、金紫荆奖、金像奖、金马奖她都先后一一问鼎，她的歌曲也深受广大歌迷的喜爱。毫无疑问，所有这些成就的取得，正是周迅牢记老师的话，孜孜以求、奋斗不止的结果。

人的一生都要不断地给自己树立目标，做好自己的人生规划，不要空等成功的降临。不想荒废人生的女人，就要像周迅那样，在适当的时候，问问自己：十年以后你会怎样？十年之后你想怎样？然后，按照自己的目标，制订出计划，一步一步向自己的目标走近，只要早上一睁开眼睛，就会期待今天又是精彩的一天。

丁玲说过："女人，只要有一种信念，有所追求，什么艰苦都能忍受，什么环境也都能适应。"只有正能量的女人才能坚持追求自己的目标，才有一股势不可当的锐气。成功只会属于执着追求的人，强大的女人往往是那些把自己逼上一条道的人，她们别无选择，只有充满力量地往前走！

苏格拉夫顿女士是美国著名的侦探小说作家，她讲述了自己的成名之路。

"如果25年前就有人告诉你，你将得到你想得到的一切，但是你必须等到25年后，你那时作何感想？而眼前的路你该如何走下去？"

她1915年年底带着成为一位名作家的梦想来到了纽约，但纽约给她的第一份礼物就是失败。她寄出去的文章都被退回，但她没有放弃，仍怀着梦想不停地写作，走遍了纽约的大街小巷，奔波于各个杂志社、出版社之间。当希望还是很渺茫的时候，她没有说："我放弃，算了。"而是说："很好，纽约，你可能打倒不少人，但是，绝不会是我，我会逼你放弃。"她没有像别人那样，碰到一次退稿就放弃，因为她决心要赢。4年之后，她终于有一篇文章刊登在周六的晚报上，之前该报已经退了她36次稿。

随后，她得到的回报更是一发而不可收，出版商开始络绎不绝地出入她的大门，再后来是拍电影的人发现了她，她的小说在改编后被搬上了屏幕，她在短期内富裕起来。

女人的一生中总有许多不如意的事情，但只要我们学会坚持，在生活、工作中坚持微笑着面对困难，考研不成功，我们可以总结经验教训继续努力；工作不如意，那只是我们走向成功的必经之路，继续坚持，总会走出职场困境；

想要美丽、想要气质，这个过程并不痛苦，我们只要怀着美好的想象，就会在过程中体会到快乐；感情上的冰河期，其实是因为我们对彼此都开始了解，并且把全部赤诚展现给对方的一种磨合，从来夫妻吵架都是床头吵床尾和，何况无伤大雅的小吵还是增进感情的良药……

智慧女人的哲学，就是在任何境遇中，都永葆一种正向的能量，从不向生活的磨难折服，从不向人生的挑战认输，从不向任何负能量的苦痛屈就……她们敢想敢干，她们保持着成熟的心智，她们心态充满阳光、快乐时刻与她们相伴，她们无论在生活、工作、情场、社交场，都保持着一流的魅力、优雅的生活姿态，她们信奉实力决定一切、她们个性独立，她们淡定处世，她们知性的看待事物，她们圆融，她们幸福，她们如水前行，她们快意人生，坚定执着，她们总在最黑暗的时刻渴望光明，在绝望之时坚信丰盈的回报，在风雨之后等待彩虹……

成功、强大、圆满、幸福，是正能量女人最终的归宿！

编　者

2013年8月

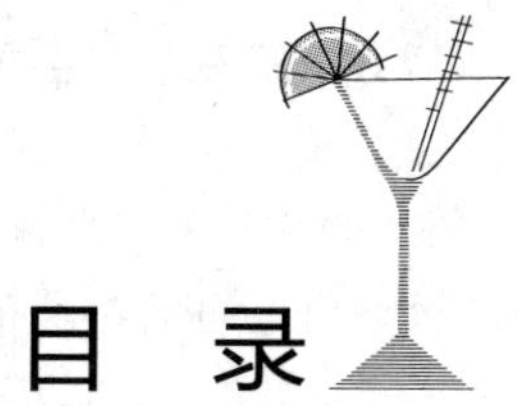

目 录

第一章 女人的内心要强大

第二章 既要有深度，也要有弧度

第三章 幸福是一种心态

第四章 珍藏心中的七彩阳光

第五章 屏蔽情绪负能量

第六章 让优雅如花绽放

第七章 长得漂亮是优势，活得漂亮是本事

第八章 女人的成熟比成功更重要

第九章 能做女王，就不要做公主

第十章 知性地沉淀在岁月里

第十一章　淡然的女人最幸福

第十二章　才学要像林黛玉，交际要学薛宝钗

第十三章　失恋而不失志

第十四章　成功驾驭婚姻

第一章

女人的内心要强大

- 细腻的女人心一样可以宽阔如海洋
- 只要有希望，就不要绝望
- 失之东隅，收之桑榆
- 女人要以开放的心态拥抱人生
- 没有跨越不了的事，只有无法逾越的心
- 体味精神的喜悦
- 遗忘凄风苦雨是一种幸福的能力
- 快乐永远属于自找自乐的女人
- 阴影，拥抱它才能消除它

细腻的女人心一样可以宽阔如海洋

杨澜曾在写给年轻女孩子的一篇文章中提到："女孩到了二十几岁后，就要慢慢地学会忍耐与宽容了，社会并不是一个任性的地方，那些大小姐的脾气要慢慢地收敛了，因为可能有些时候就因为你的计较会让你失去自尊，成为被人指责的没有教养的女人。给那些不友好的人善意的微笑，既能够让对方无地自容，也能够给别人留下大度且善解人意的好印象。忍耐并不是懦弱，也不是伤自尊，而是宽容美。请放下理直气壮的坏脾气，在适当的时候让一步，不仅可以体现出你的涵养，而且还会让你成为受人欢迎的女孩。"以忍耐和宽容去面对这个社会，就是杨澜保持优雅平和的秘诀，也是一个智慧女人生存的必备法则。

沈殿霞在香港走红的时候，郑少秋还名不见经传。她不顾舆论压力，全力扶持郑少秋。因为肥胖，医生建议她不要怀孕，但她还是冒着生命危险怀孕生女，可这样的深情还是难以保持他们的关系，十年情感一朝云散。此时，外界有很多同情沈殿霞、谴责郑少秋的声音，但当事人沈殿霞从来没有在外人面前说过前夫一句坏话，甚至在主持搭档曾志伟取笑郑少秋时严厉制止他。

多年以后，沈殿霞在TVB主持的谈话节目《掌声背后》开播，她选择的第一位嘉宾竟然是郑少秋。待节目结束时，沈殿霞突然问郑少秋说："有个问题好久前就想问你了，今天借这个机会问你一下，你只需回答Yes或是No就行，我和你相处了十几年，你到底有没有真真正正喜欢过我？"

郑少秋认真地回答说："喜欢，我真的很喜欢你！"这句话让沈殿霞笑着流泪了，仿佛一切伤害都没有过，她的笑容如此真心，感动了所有的观众。

沈殿霞因病去世后，很多观众自发地悼念她，因为她是一个为大家带来过太多欢乐的女人。她的形象曾经屡遭诟病，但她真诚的笑容最终让观众觉得她就应该是这样，胖得可爱，也胖得可敬。因为心怀宽广，所以她能原谅曾经的伤害；因为她不会积怨，所以那份快乐是从心底迸发的，让她的笑容最真诚感人、毫无虚假。

给人面子，既无损自己的体面，又能使人对你产生感激和敬重之情。不计较小事，不苛求别人，会为你赢得更多的时间和精力。胸襟广阔，能容人容物是现代女性追求的境界，因为大度和宽容能给你带来太多的好处。在短暂的生命里程中，学会宽容，意味着你会生活得更加快乐，宽容可谓女人一生中最有魅力的财富。

莎士比亚忠告人们说："不要因为你的敌人而燃起一把怒火，灼热得烧伤你自己。"富兰克林说："对于所受的伤害，宽容比复仇更高尚。因为宽容所产生的心理震动，比责备所产生的心理震动要强大得多。"能够宽容别人，不但自己能够及时清空心理垃圾，而且能够得到别人的宽容。如何学会宽容呢？你不妨试试这些办法。

1. 在怨恨以前问自己"假如我是他（她）呢"

这里的他（她）就是你生气的对象，不妨设身处地地站在对方的立场上想想，也许你会发现自己也有错误，或者对方不得不这样做。看到对方的无奈，你还能够生气吗？

2. 不要把所有人都当成"假想敌"

觉得所有人都在故意伤害你，觉得你是上帝的弃儿。这样的想法是宽容的大敌。大多数情况下没人会故意伤害你，当感到不平时，你不妨温柔地向对方表明你的想法。因为通常对方都不会意识到自己的言谈或者做法对你造成了伤害，如果你告诉了他，他自然会加以改正。

3. 不要给自己和他人制定苛刻的标准

很多情况下，苛责、怨恨都是因为自己或者别人没有达到你的内心标准。这个时候你不要以自己的标准去苛责他人，因为没有一个人与你有完全相同的经历和思维习惯，所以你也不要用自己的观念去评价别人。

高山因为承受着土石树木，所以才变得雄伟；大海正是容纳了百川，所以方显得辽阔。要记住弥勒佛像两边的对联：“大肚能容，容天下难容之事；开口便笑，笑天下可笑之人。”如果能对任何不顺心的事情都能一笑了之，生活中不开心的事就会减少，任何事情退一步就会海阔天空。学会宽容地对待这个世界，也是女人爱自己的一种方式。

只要有希望，就不要绝望

每天给自己一个希望，就是给自己一个目标，给自己一点信心。在这个世界上，有许多事情是我们难以预料的。女人虽不能控制际遇，却可以掌握自己；我们无法预知未来，却可以把握现在；我们不知道自己的生命到底有多长，却可以安排当下的生活；我们左右不了变化无常的天气，却可以调整自己的心情。只要活着，就有希望。

希望是什么？是引爆生命潜能的导火索，是激发生命激情的催化剂。每天给自己一个希望，我们将活得生机勃勃，激昂澎湃，哪里还有时间去叹息、去悲哀，将生命浪费在一些无聊的小事上？生命是有限的，但希望是无限的，只要我们不忘每天给自己一个希望，我们就一定能拥有一个丰富多彩的人生。

人类精神的自然飞翔并不是从快乐到快乐，而是从希望而希望。人生不能没有希望，所有的人都是生活在希望当中的。当法国被战争浓浓的硝烟笼罩的时候，一群艺术家住在巴黎一栋破旧的房子里，他们中有音乐家、作家、诗人，还有画家。贫穷的人们挤在一栋房子里相互帮助着，而冬天的寒冷和疾病缠绕着他们。在面包和水都岌岌可危的日子里，能挺过疾病的人真是太少了，没隔多久，就有人被抬出这栋破房子。在房子对面的矮墙上曾爬满了常春藤，可冬天的风使一切生命都失去了颜色与活力。

在房子最下一层的一个房间里，住着两位年轻的姑娘，她们极可能是未来巴黎舞台上的舞蹈家。但现在她们中的一位因疾病来袭，已经躺在病床上很久了，缺乏食物的人们更无力承担医药费用。早晨，病床上的姑娘对自己的同伴说："我从窗口可以看见对面的矮墙，我看见上面还有五片树叶，如果那里还有一片树叶，我就会看到下一个春天的来临。"姑娘了解自己的病情已十分严重，医生的脸上也流露出不太乐观的神情。每一天，姑娘都会睁开双眼去看对面矮墙上的树叶。狂风吹过，树叶也一一掉落，到了第三天，墙上只剩下最后一片树叶了。

姑娘的同伴很焦急，她们的家里已没有任何值钱的东西，能卖的已经全卖了。这位好心的伙伴来到同一栋楼的老画家那儿，请求他去帮帮忙，想办法挽留那片树叶。同样一贫如洗的画家对那位好心的姑娘说："风一夜能吹落所有的树叶，我也没有办法，冰天雪地的又怎么去想办法呢？"大家都充满悲伤地等待着明天，希望明天病床上的姑娘还能活着。第二天早上，姑娘从病床上睁开眼，疲惫而又欣喜地说："我就知道还会有一片绿色的树叶悬挂在枯萎的藤蔓上。"

她不知道那是老画家晚上提着灯，赶在天亮前在矮墙上画上了一片绿叶，是他给了病危的姑娘一个新的希望。

保持"希望"的人生是有力的，失掉"希望"的人生则通向失败之路。"希望"是人生的力量，在心里一直抱着美"梦"的人是幸福的。也可以说，抱有"希望"活下去，是只有人类才被赋予的特权。只有人，才能由其自身产生出面向未来的希望之光，才能创造自己的人生。

在走向人生的这个征途中，最重要的既不是财产，也不是地位，而是在自己胸中像火焰一般熊熊燃起的意念，即“希望”。因为那种毫不计较得失、为了巨大希望而活下去的人，肯定会生出勇气；不以困难为事，肯定会激发巨大的激情，使自己的内心开始闪烁出洞察现实的睿智之光。只有睿智之光与时俱增、终生怀有希望的人，才是具有最高信念的人，才会成为人生的胜利者。

多年以前，美国曾有一家报纸刊登了一则园艺所重金寻求纯白金盏花的启事，在当地轰动一时。高额的奖金让许多人趋之若鹜，但在千姿百态的自然界中，金盏花除了金色的就是棕色的，要培植出白色的，并不是一件易事。所以许多人一阵热血沸腾之后，就把那则启事抛到九霄云外去了。

一晃就是20年，一天，那家园艺所意外地收到了一封热情的应征信和一粒纯白金盏花的种子。当天，这件事就不胫而走，引起轩然大波。寄种子的是一位年已古稀的老人。老人是一个地地道道的爱花人，20年前当她偶然看到那则启事后，便怦然心动。她不顾8个儿女的一致反对，义无反顾地干了下去。她撒下了一些最普通的种子，精心侍弄。一年之后，金盏花开了，她从那些金色的、棕色的花中挑选了一朵颜色最淡的，任其自然枯萎，以取得最好的种子。次年，她又把它种下去，然后，再从这些花中挑选出颜色最淡的花种栽种……日复一日，年复一年。终于，20年后的一天，她在那片花园中看到一朵金盏花，它不是近乎白色，也并非类似白色，而是如银如雪的白。一个连专家都解决不了的问题，在这位不懂遗传学的老人手中迎刃而解，这是奇迹吗？

当年曾经那么普通的一粒种子，也许谁的手都曾捧过，只是少了一份对希望之花的坚持与执着，少了一份以心为圃、以血为泉的培植与浇灌，才使你的生命错过了一次最美丽的花期。种在心里，即使一粒最普通的种子，也能长出奇迹！

这个故事告诉我们，只要我们心中存有希望，只要我们心中有一颗希望的种子，就一定会创造出奇迹。希望带来美好，美好的希望更让人激动，让人无限憧憬。社会能进步几乎是希望的功劳，是它让会思考的生命去奋斗、拼搏，让社会天天在进步。同时，我们要时刻提醒自己：希望只是希望，只有用勤奋去浇灌，才能盛开希望之花，得到希望之果。

失之东隅，收之桑榆

很多人在失去的时候会痛惜不已，原因是怕再也找不到比失去更好的东西了，比如说爱情，当失去它的时候，心里会担心再也找不到自己爱的人了，甚至会对爱情绝望，今后不愿意碰触爱情，而事实上，人并没有自己想象的那样脆弱，爱情也并不像是自己想象的那样，一生只会遇到一次，只是真正适合你的那个人还没有出现。

无论是对于爱情还是对于某一个物品等，我们对于他（它）的感情其实并没有我们想象的那么死心塌地。一件东西丢失了，起初会伤心、痛心，但随着时间的推移，这件东西慢慢地在我们的视线中模糊了，甚至有一天想不起它的样子，就像你当初爱一个人爱得死心塌地，甚至觉得自己这一生将会永远喜欢这一个人，而这些其实只是我们每个人美好的期待而已，当初的一切都是真的，但是在失去一段时间之后，不爱了也是真的。所以，在失去的时候，不要将自己浸泡在自己所设置的伤感、悲痛氛围中，因为这样的表现并不能挽回什么，也不能代表你对他（她）将永远衷心。

如果只是留恋那个不适合你的人而错过了真正属于你的人，那就更得不偿失了。

在人的一生中，最害怕的不是失去什么，而是在失去之后，丧失了对未来的希望。所以，对于我们来说，在失去之后，要相信：与其为过去的失败纠结，不如为新的成功探险。

要相信下一个人会更好，下一次机会会更好。

如果要问一个电影演员，他觉得自己拍的哪一部戏最好，很多人会觉得没有最好的，因为很多人会将希望寄托于将来，相信自己将来会超越现在，所以很多人的回答就是："下一部戏是最好的。"

曾经拿过多项国内外奖项的中国体操运动员桑兰，在1998年参加的第四届美国友好运动会试跳中，由于不慎，从空中跌落，导致第六根和第七根脊梁骨错位，胸部以下失去知觉。桑兰在遭受如此重大的变故后却表现出难得的坚毅，她的主治医生说："桑兰表现得非常勇敢，她从未抱怨什么，对她我能找到的形容词就是'勇气'。"就算是知道了自己再也站不起来之后，她也绝不后悔练体操，她说："我对自己有信心，我永远不会放弃希望。"

之后，桑兰加盟了星空卫视，成为《桑兰2008》节目的主持人，并且在众多媒体上开设了她的体育评述专栏。

虽然已经无法在赛场上奋斗，但是，桑兰说："我会在主持人的岗位上，继续为我喜爱的运动事业作贡献。虽然我没有经验，还有身体的原因，但是我一定能面对，我正在充实自己，学习文化，我可以做得很好。"

虽然不能再回到赛场上，但是桑兰的生活也一样很精彩。美国总统克林顿、前总统卡特和里根都曾给桑兰写过信，赞扬她的勇气。桑兰与"超人"会面的经过在美国ABC电视台播出，这个电视台50年来只采访过两个中国人，一个是邓小平，另一个是桑兰。

桑兰相信未来，相信自己，相信在下一次的尝试中自己会做得更好。正因如此，她赢得了许多人的尊敬。

我们渴望收获，渴望得到，但是人生并不是一个只有收获的过程。在人生中，少不了的是失去。有些机会失去了，就不要再后悔。世界上没有卖后悔药的，不管你多么后悔，失去的也不会回来。何况，一味地后悔只能让生活变得越来越糟。

法国著名作家蒙田曾经说过："如果允许我再过一次人生，我愿意重复我现在的生活。因为，我一向不后悔自己的过去，不惧怕自己的未来。"一个人如果经常后悔自己的过去，那他就没有更多的精力去关注现在，现在抓不牢，等到现在逝去了，他又开始后悔，就这样，他只能永远生活在后悔的恶性循环圈里。

为什么要这样折磨自己呢？一次的失去并不代表永远失去，古语说失之东隅收之桑榆，或许你这次失去的，对于你而言根本就是不合适的，下一次出现的才是正确的才是最好的。

既然我们有勇气让自己继续走下去，为什么没有勇气让自己相信下一次才是最好的呢？

女人要以开放的心态拥抱人生

每一个人的心灵都有一扇窗。打开房间的一扇窗，清风就会透过窗台，吹拂到我们的脸上；花香也会随之而至，使整个房间充满香气。打开你的心窗，将真实的自己展示给众人，接纳别人的见解与主张，在与他人的分享与交流中感受一种思想共通的欢欣与喜悦。打开心窗，让阳光照亮你心中的每一个角落。

一颗心一旦被自己封闭起来就会画地成牢，会限制我们潜质的发展。所以，要想获得幸福，最关键的是要开放自己的心，让自己能够与世界热吻。

你是否也有这样的遭遇？生活中，一次次的受挫、碰壁后，奋发的热情、欲望就被“自我设限”压制、扼杀。你开始对失败产生恐惧感，却又习以为常，丧失了信心和勇气，渐渐养成了懦弱、犹豫、害怕承担责任、不思进取、不敢拼搏的心理意识和习惯，这些裹足不前的意识渐渐地捆绑住你，让你陷在自我的套子里无力自拔，久而久之，你就失去了创造热情，再也奋发不起来了。

有时候，限制我们走向成功的，不是别人拴在我们身上的锁链，而是我们自己为自己设置的那个局限。高度并非无法超越，只是我们无法超越自己思想的限制，更没有人束缚我们，只是我们自己束缚了自己。这个世界没有什么不可能，张开怀抱，就能与幸福相迎。

1940年6月23日，在美国一个贫困的铁路工人家庭，一位黑人妇女生下了她一生中的第二十个孩子，这是个女孩，取名威尔玛·鲁道夫。

威尔玛4岁那年，不幸患上了双侧肺炎和猩红热。虽然治愈，她的左腿却因此而残疾了，因为猩红热引发了小儿麻痹症。从此，幼小的威尔玛不得不靠拐杖行走。经历了太多苦难的母亲却不断地鼓励她，希望她相信自己并能超越自己。看到邻居家的孩子追逐奔跑时，威尔玛对母亲说：“我想比邻居家的孩子跑得还快！”

这个世界上没有那么多的“不可能”，只要你坚持不懈，生命中没有什么是不可战胜的。

经历了艰难而漫长的锻炼后，奇迹终于出现了！威尔玛9岁那年的一天，她扔掉拐杖站了起来。母亲一把抱住自己的孩子，泪如雨下。5年的辛苦和期盼终于有了回报！

13岁那年，威尔玛决定参加中学举办的短跑比赛。学校的老师和同学都知道她曾经得过小儿麻痹症，直到此时腿脚还不是很利索，便都好心地劝她放弃比赛。威尔玛决意要参加比赛，老师只好通知她母亲，希望母亲能好好劝劝她。然而，母亲却说：“她的腿已经好了，让她参加吧，我相信她能超越自己。”事实证明母亲的话是正确的。

比赛那天，母亲也到学校为威尔玛加油。威尔玛靠着惊人的毅力一举夺得100米和200米短跑冠军，震惊了校园。从此，威尔玛爱上了短跑运动，坚强而倔强的威尔玛为了实现比邻居家的孩子跑得还快的梦想，每天早上坚持练习短跑，一直练到小腿发胀、酸痛也不放弃。她想办法参加一切短跑比赛，总能获得不错的名次。

在1956年奥运会上，16岁的威尔玛参加了4×100米的短跑接力赛，并和队友一起获得了铜牌。1960年，威尔玛在美国田径锦标赛上以22秒9的成绩创造了女子200米世界纪录。在当年举行的罗马奥运会上，威尔玛迎来了她体育生涯中辉煌的巅峰，她参加了100米、200米和4×100米接力比赛，每场必胜，接连获得了3块奥运金牌。

生活中，没有任何困难或逆境可以成为我们畏缩不前的理由，当我们犹豫彷徨、怀疑自己时，看看这些身残志坚的人吧，她们在那样艰难的条件之下都能取得这样骄人的成绩，那么作为正常人，还有理由说自己真的不行吗？大胆地突破现状，超越自己吧！你只有突破所有局限自己的障碍，开放自己的心灵，才能迈出成功的脚步。

没有跨越不了的事，只有无法逾越的心

第53任英国首相劳合·乔治在一次采访时，对主持人说他有一个习惯，那就是随手关上身后的门。主持人纳闷地问道：“你有必要把这些门关上吗？”“哦，当然有这个必要。”乔治微笑着说，“我这一生都在关我身后的门。你知道，这是必须做的事情。当你关门时，也将过去的一切留在后面，不管是美好的成就，还是让人懊恼的失误，然后，你就可以重

新开始。”大概乔治正是凭着这种精神一步一步走向成功，走上了英国首相的位置。

每个人身上可能都有一个沉重的旧包袱，里面装着逝去的流年，人们总会为这个包袱伤感不已，而白白耗费了眼前的大好时光，也忽视了现在和未来。过分的追悔过去，只会失掉现在；失掉现在，就没有了未来！

国外有一句谚语是这么说的：为误了头一班火车而懊悔不已的人，肯定还会错过下一班。若要成为一个幸福的人，切记随手关上身后的门。

一个人在他25岁时因为被人陷害，进了监狱，他在牢房里生活了10年。后来沉冤昭雪，他出狱后，开始了几年如一日地反复控诉、咒骂："我真不幸，在最年轻有为的时候竟遭受冤屈，在监狱度过了本应最美好的一段时光。那样的监狱简直不是人居住的地方，狭窄得连转身都困难，唯一的细小窗口几乎透不进来阳光；冬天寒冷难忍，夏天蚊虫叮咬……真不明白，上帝为什么不惩罚那个陷害我的家伙，即使将他千刀万剐，也难解我心头之恨啊！"75岁那年，在贫病交加中，他终于卧床不起。弥留之际，牧师来到他的床边："可怜的孩子，去天堂之前，忏悔你在人世间的一切罪恶吧……"

牧师的话音刚落，病床上的他声嘶力竭地叫喊起来："我没有什么需要忏悔的，我需要的是诅咒，诅咒那些造成我不幸命运的人……"

牧师问："你因受冤屈在监狱待了多少年？离开监狱后又生活了多少年？"他恶狠狠地将数字告诉了牧师。

牧师长叹了一口气："可怜的人，你真是世上最不幸的人，他人囚禁了你区区10年，而当你走出监狱本应获自由的时候，你却用心里的仇恨、抱怨、诅咒囚禁了自己整整40年！"

故事中那个被人陷害的人之所以到死都得不到自由，正是因为他用过去的悲惨经历给自己建了一个“心狱”：他虽然只在牢房中度过了10年，但却把自己囚禁在“心狱”中过了一辈子。而最不幸的是，他在临死前还未认识到这一点，直到死亡的那一刻，他还是没有能够与自己的过去和解，因此他终其一生都无法获得身心的自由与解脱。

“心狱”没有围墙、没有守卫，却能让人在里面生活一辈子，这种现象实在令人惋惜。人们常常唠叨自己的坎坷往事，却不知道不停地回忆过去的痛苦，阻隔了我们与外界的交往，也让我们与幸福绝缘。

一个人若想重获幸福，重新让正向的能量在内心流淌，就必须要走出自己编织的牢笼。正如一位哲人所说：“世界上没有跨越不了的事，只有无法逾越的心。”一旦你凭借自身的力量冲破“心狱”，和自己的过去和解，那么所有的负向能量，包括挫折、痛苦与不幸都会消失，你必然会看到一条通往幸福的道路。

九二一大地震在中国台湾造成了惨重的伤亡，使许多人在一夕之间家破人亡。

有一个妇人大难不死，被救援人员从瓦砾堆中救了出来。然而当她得知先生和一对就读小学的儿女都已遇难，全家只有她一人获救时，几乎痛不欲生，屡次要自杀，根本不想再活下去了。有好长一段时间，她不敢出门上街，因为一看到街上嬉闹的孩子，就会不由自主地泪流满面；家人的照片更是看不得，一看就会泪流不停。尤其想到两个乖巧的小孩，更让她万般不舍。

后来，在专业医生的建议下，她每天写一封信给在天堂的儿女和先生，倾诉她的思念和不舍。

两个月来，通过写信把她和日夜思念的家人又重新联结起来了。渐渐地，她的心情从思念转为祝福，一封封投寄到天堂的信，改变了她的心情。写到最后几封，她已经可以平静地问候子女在那边过得好不好，给先生的信也会叮咛他要照顾子女。她说，自己的思念已化为祝福，紧绷的心也已渐渐地放下。在写下最后一封信后，她真正告别了死去的家人。

现在这个妇人除了计划找工作重新生活外，也到处忙着做义工。她说，走过这场巨变，相信人生没有更大的挫折可以打倒她。

在现实生活中，有些悲痛是永远无法抚平的。如果不及时找一点精神上的寄托，不及时为自己的思念找一个出口，让自己的心灵也有一条出路，这些可怕的情绪将会吞吃我们的生命，造成人生的重大破坏和损失。

怨天尤人，暗自垂泪，很容易成为戒不掉的“毒瘾”，甚至成为一种惩罚，不断荼毒自己的心灵。有人期望能借此消解内疚和不安，但是这些关起门来的自虐，只会增加悲痛和苦情，对自己毫无帮助。

体味精神的喜悦

从疾病中战胜病魔，从奄奄一息中战胜死亡，从逆境中战胜困难，这些都是真正的胜利。尽管在这个过程中，当事人的身体上可能要承受很大的痛苦，可是等到胜利以后，那份来自精神上的喜悦，早已经让人们忘记了最初的疼痛。

1985年，美国女孩辛蒂还在医科大学念书，有一次，她到山上散步，带回一些蚜虫。她拿起杀虫剂为蚜虫去除化学污染，却感觉到一阵痉挛，原以为那只是暂时性的症状，谁料她的后半生从此陷入不幸。

杀虫剂内所含的某种化学物质使辛蒂的免疫系统遭到破坏，使她对香水、洗发水以及日常生活中接触的一切化学物质一律过敏，连空气也可能使她的支气管发炎。这种“多重化学物质过敏症”，到目前为止仍无药可医。

起初几年，她一直流口水，尿液变成绿色，有毒的汗水刺激背部形成了一块块疤痕。她甚至不能睡在经过防火处理的床垫上，否则就会引发心悸和四肢抽搐。后来，她的丈夫用钢和玻璃为她盖了一间无毒房间，一个足以逃避所有威胁的“世外桃源”。辛蒂所有吃的、喝的都得经过选择与处理，她平时只能喝蒸馏水，食物中不能含有任何化学成分。

很多年过去了，辛蒂没有见到过一棵花草，听不见一声悠扬的歌声，感觉不到阳光、流水和风。她躲在没有任何饰物的小屋里，饱尝孤独之余，甚至不能哭泣，因为她的眼泪跟汗液一样也是有毒的物质。

然而，坚强的辛蒂并没有在痛苦中自暴自弃，她一直在为自己，同时更为所有化学污染物的牺牲者争取权益。1986年，她创立了“环境接触研究网”，以便为那些致力于此类病症研究的人士提供一个窗口。1994年辛蒂又与另一组织合作，创建了“化学物质伤害资讯网”，保证人们免受威胁。目前这一资讯网已有来自32个国家的5000多名会员，不仅发行了刊物，还得到美国、欧盟及联合国的大力支持。

在面对记者的采访时，她说：“如果是曾经的苦难换回了今天的成绩，那么我所承受的一切痛苦都是值得的。”

很多人抱怨苦难，害怕苦楚，是因为他们没有体会到胜利后的喜悦。真正有成就的人，他们不会惧怕生活的考验，而只怕生活给予他们的考验不够多。

所以，如果我们的身体还在受苦，就应该提前释放自己的精神，用自己的思想指引行动，从而战胜一切困难。而当我们实现了最终的胜利，得到精神上的喜悦时，我们就会像辛蒂一样，对曾经承受的肉体上的苦难报以感谢了。

遗忘凄风苦雨是一种幸福的能力

记忆是人类最伟大的财富，让我们有那么多关于生活和生命的感受。然而，一个人如果把什么都记得很清楚，大脑里就会充满了各种各样的记忆，回味美好使人幸福，而回味痛苦时则可能使人发狂。

在生活中，总有那么多琐事，总有那么多不如意，如果一味让这些记忆留在心中，就会禁锢我们的心灵。其实，生活中有许多事情是不需要铭记在心的，比如朋友间的无端猜忌、亲人之间的误解争执、恋人间的情感纠葛、夫妻间的小小口角等，这些小事都没必要记在心上。对于巨大的痛苦，我们更要将它遗忘。生于尘世，每个人都不可避免地要经历凄风苦雨，面对艰难困苦，想开了就是天堂，想不开就是地狱。忘记就是一剂良药，弥合你的伤口，使你怀着新的希望上路。

有一个女孩不幸得了白血病，但她总是笑呵呵的，即便多次化疗已经使她的头发掉光了，她也能微笑着欣赏自己的光头，对自己说："想不到我剃光头还挺好看的嘛。"她还时常给病友们讲笑话，逗大家开心，人们都很喜欢她。她还对自己的父母说："等我走的那一天，你们一定不要哭，要笑着为我送别，因为我是去天堂做天使，我想，天使都有着美丽的头发。"

在她弥留时，她的父母早已哭成了泪人，女孩却只微微地动了一下手中的本子，示意让母亲看，那是女孩的日记本。走到女孩的面前，母亲笑了，是带泪的笑。女孩也笑了，是欣慰的笑，然后女孩轻轻地闭上了眼睛。

女孩的日记本上写着这样一段话：“亲爱的爸爸妈妈，你们千万不要为我流泪，为我伤心。忘记我的离去就等于我在你们心中活着，我是太阳的孩子，我的心中充满阳光，请你们在我离别的时候微笑，让我生命的最后一刻也印上太阳的微笑吧！”

女孩真正地理解了生命的意义，知道那些不能给别人带来快乐幸福的东西理应被遗忘。正因为如此，她到了生命之旅的最后时刻依然能够感受到幸福，女孩平和安宁的心灵净化了一切悲伤，让她身边的每一个人都感受到了她内在的淡然与安详。

在人生的旅途中，有太多的成与败、得与失、恩与怨、是与非，若都牢记心中，任凭那些伤心事、烦恼事纠结于脑际，就等于给自己套上了沉重的枷锁，背上了不可卸载的包袱，这会让自己活得很苦、很累，生命之舟就会在茫茫的大海中迷航、触礁，甚至倾覆。如果我们善于遗忘，把不该记忆的东西统统忘掉，那我们就能获得从未有过的自由，也会从烦恼与忧愁之中得到解脱。

遗忘是一种幸福的能力。我们对已经过去的无关紧要的事物，要糊涂一点，健忘一点，朦胧一点。及时将那些阻碍幸福的事情从内在与周围剔除，不让它们侵占自己的任何心思。一个人学会了遗忘，才能够让自己用积极的心态迎接明天的幸福。

快乐永远属于自找自乐的女人

这世上最快乐的人不是那些生下来就富有，也不是那些天生就聪明的人，而是懂得自己去寻找快乐、自娱自乐、苦中作乐的人。想要收获快乐，就要收起女人悲悲戚戚、哀哀怨怨的习惯。

五年前，一场意外夺去了李青丈夫的生命。从此，她像很多人一样，一直受着“寂寞”之苦。

“我该怎么办？”她丈夫去世一个月后的一天晚上，她问朋友：“我要住在哪里？我怎么才能再快乐起来？”

朋友试着向李青说明，她的焦虑源于她的个人悲剧，她应该及时脱掉忧伤的外衣，并建议她及早从以往的灰烬中建立起新的生活、新的快乐。

“不，”她回答说，“我不相信我会再快乐起来，我已经不再年轻，子女都已长大并各自成家了，不会有我容身的地方。”

这个可怜的母亲得了要命的自怜症，并且对这种病症的治疗方法一窍不通。

“当然，”有一次朋友对她说，“你总不会认为自己是个需要人家同情可怜的人吧？你可以重建新生活、结交新朋友并培养新兴趣，来取代过去的一切。”

她听了，但是并没有什么反应，她过于自怜了。最后，她决定要子女为她的快乐负责，她搬进了已成家的女儿家里。

这是一次悲痛的经历，一次相互辱骂的可怕场面之后，母女反目成仇。她又搬进了儿子家，但也好不到哪里去。

最后，她的子女给了她一套公寓让她自己住，有一天下午，她哭哭啼啼地说，她的家人都不要她了。

殊不知，一旦她期望全世界的人都可怜她，她便永远也不会得到快乐。她已变成一个令人生厌的自私女人，虽然她已经61岁了，但在感情上，她仍然是个小孩子。

寂寞的人通常都不了解，爱和友情是不会像礼物一样包装得漂漂亮亮地送到你手上的。一个人需要努力去让别人喜欢，但却不能将爱、友情和美好时光当做合同来签订。

让我们面对事实！丈夫死了，妻子死了，但是法律没有限制还活着的妻子或丈夫快乐的权利。只是，他(她)必须了解，快乐，不能将之视为救济金或施舍品一样理所当然，我们得让自己更可爱、更受欢迎才行。

想象一下，一艘在地中海碧波中航行的客轮，许多快乐的夫妇在船上度假，还有一些热恋中的年轻人；在欢乐的游客之中，还有一位60多岁、一人独旅的笑容满面的母亲。

这是她第一次在海上掌握了快乐的窍门。她，也失去了丈夫，曾经也非常悲伤，但有一天早上醒来，她便将悲伤的外衣丢掉，投身新生活之中。这是她经过深思和计划而作出的决定。她的丈夫一直是她的爱和生命，但如今这一切已成过去。她原有的第二兴趣——绘画，如今她正忙着继续进行。本来是一项爱好，现今成了她生活中最重要的活动。它不仅陪伴她度过了那段悲伤的日子，而且还给了她一个最大的报偿——独立的事业。

有段时间，她不愿抛头露面且羞于见人，因为长久以来，她丈夫一直是她的伴侣和力量。她长得不美，也不富裕，在那段怀疑和绝望的日子里，她问自己能做什么，要怎么样人们才会接受她，并愿与她为伴。

答案终于出来了——她必须让自己被他人接受，她要付出她自己，而不是指望别人的付出。

她擦干眼泪换上微笑，她忙着画画，她去拜访老朋友，提醒自己表现出欢乐的样子，她谈笑风生——从不在朋友家停留过久。不久，朋友们都争相邀请她去参加晚宴，而且她还应邀到社区活动中心去开画展。

几个月后，她登上了地中海这艘客轮。很显然，她是船上最受欢迎的游客，她跟每一个人都表示出友好，但是保持超然，不陷入任何私人恩怨中，也绝不依附于任何人。轮船靠岸的前一天晚上，船上最快乐的一次聚会是在她的舱房里举行的，她以谦逊的方式回报旅程中他人的邀请。

此后，这位女士又做了几次这样的旅行。她已经知道如果想要得到别人的友情，自己必须关心生活和奉献自己。不管走到哪里，她都能创造出友好的气氛，很受大家欢迎。

快乐永远属于自找自乐的女人。任何时候，我们都有争取快乐的权利，除了你自己，谁也无法剥夺。聪明的女人应该学会好好使用你这项珍贵的权利，尽情享受生活的快乐。

阴影，拥抱它才能消除它

每个人都会有属于自己的个人特质，但在成长的过程中，这些特质有时候会与家庭、社会以及他们所处的生存环境格格不入。人们害怕与外界存在差异，便在无意识中压抑自己的一切特质，阴影就这样产生了。

阴影是我们对自己的否定。如果你认为自己是一个成功的人，那么内在的阴影就会与你作对，提示你“我是一个失败的人”。随着我们逐渐成长，人格逐渐完善，我们内在的阴影也会逐渐增多，这些阴影带来的负向能量也就越强大。

有一个女孩，她从小的梦想是成为一名歌唱家，可是她长得并不好看。她的嘴很大，牙齿暴露，每一次公开演唱的时候，她总用上嘴唇盖住牙齿，想要表演得“很美”。可结果，她却总也逃脱不了失败的命运。为此，她感到非常痛苦。有一天她在表演时，一个人走过来对她说：“我跟你说，我一直在看你的表演，我知道你想掩盖的是什么，你觉得你的牙长得很难看。”这个女孩听到后很悲伤，却没有说什么。那个人继续说：“可是，难道说牙齿难看就罪大恶极吗？不要去遮掩，张开你的嘴，观众欣赏的是你美妙的歌声。再说，那些你想遮起来的牙齿，说不定还会带给你好运呢！”女孩接受了他的忠告，以后没有再去注意牙齿。从那时候开始，她只想到她的观众和她的歌声，心里无所顾忌，热情而愉快地唱着。后来，她成为了一位著名歌星。

大多数人都会有这样的经历，在成长过程中，总会对自己的体态、相貌过分挑剔，总认为自己微小的瑕疵会影响工作、生活、人际关系甚至未来。这些人往往把缺点看成身体中的“毒瘤”，不敢轻易触碰，更不敢让其他人看见，整日畏畏缩缩、郁郁寡欢。其实，这都是没有必要的。当你害怕自己的缺点而感到恐惧时，这种心态不仅压抑你自己，还会在你周围产生一种负向能量场，这个能量场会吸引来一切负向的事情，从而让你的生活更加不如意。

在这种情况下，你需要接受自己的阴影，学会拥抱自己的阴影。这样做不但能让你更了解自己，还可以让自己变成一个比较完整的人。接受阴影的过程中，你不要抱持批判的态度，因为这种批判会令阴影扩张得更大。你需要温柔地对待它，不断地与它接触。人本身的许多能量都被压抑在阴影之中，一旦你完全接受了阴影，那么这些能量自然会被释放出来，用在积极与美好的地方。

拥抱自己的阴影需要一种勇气，而你在这个过程中能慢慢学会接受生命中的不完美。世界上最难改变的就是自己，最难认清的也是自己。如果能勇敢地面对自己，改变自己，那么无论生命中出现什么艰难险阻，你都会充满勇气地去迎接它们。当你与自己的阴影友好相处之后，爱与美好就会在你的体内与外在流动，整个宇宙也会赐予你幸福的力量。

第二章

既要有深度，也要有弧度

- 悲观的女人没有未来
- 相信积极思想的力量
- 既要有深度，也要有弧度
- 瓦罐破了就不要再回头
- 临危不乱才是真英雄
- 别有事没事就玩点“小伤感”
- 善良应该是女人最闪亮的底色

悲观的女人没有未来

很多年轻的女人，对未来和生活都持有一种悲观的迷茫心理。对自己的过去，无论辉煌与否，都一概加以否定，心里充满了自责与痛苦，口中有说不完的遗憾和悔恨。他们对未来缺乏信心，认为自己一无是处，什么事都做不好，认知上否定自己的优势与能力，无限放大自己的缺陷。

20世纪的女作家张爱玲的一生完整地注释了悲观给人带来的负面影响是多么巨大。张爱玲一生聚集了一大堆矛盾，她是一个善于将艺术生活化、将生活艺术化的享乐主义者，又是一个对生活充满悲剧感的人；她是名门之后、贵族小姐，却宣称自己是一个自食其力的小市民；她悲天悯人，时时洞见芸芸众生“可笑”背后的“可怜”，但在实际生活中却显得冷漠寡情；她通达人情世故，但她自己无论待人穿衣均是我行我素，独标孤高；她在文章里同读者拉家常，却在生活中始终保持着距离，不让外人窥测她的内心；她在20世纪40年代的上海大红大紫，一时无二，然而几十年后，她在美国又深居简出，过着与世隔绝的生活。所以，有人说：“只有张爱玲才可以同时承受灿烂夺目的喧闹与极度的孤寂。”这种生活态度的确不是普通人能够承受或者理解的，但用现代心理学的眼光看，其实张爱玲的这种生活态度源于她始终抱着一种悲观的心态活在人间，这种悲观的心态让她无法真正地深入生活，因此她总在两种生活状态中不停地左右徘徊。

张爱玲悲观苍凉的色调，深深地沉积在她的作品中，无处不在，产生了巨大而独特的艺术魅力。但无论作家用怎样的文字，写出怎样可笑或传奇的故事，终不免露出悲音。那种渗透着个人身世之感的悲剧意识，使她能与时代生活中的悲剧氛围相通，从而在更广阔的历史背景上臻于深广。

张爱玲所拥有的深刻的悲剧意识，并没有把她引向西方现代派文学那种对人生彻底绝望的境界。个人气质和文化底蕴最终决定了她只能回到传统文化的意境，且不免自伤自怜，因此在生活中，她时而沉浸在世俗的喧嚣中，时而又沉浸在极度的寂寞中，最后孤老死去。

张爱玲的悲剧人生让我们看到了心灵失控对一个人的戕害是多么惨重，女人要追求幸福的生活，就要让自己的心灵从低落悲观的冰河里泅渡出来。

很久以前，为了开辟新的街道，伦敦拆除了许多陈旧的楼房。然而新路却久久没能开工，旧楼房的废墟晾在那里，任凭日晒雨淋。

有一天，一群自然科学家来到这里。他们发现，在这一片多年未见天日的旧地基上，因为有春天的阳光雨露，竟长出了一片野花野草。

奇怪的是，其中有一些花草在英国从来没有见过，它们通常只生长在地中海沿岸国家。这些被拆除的楼房，大多是在古罗马人沿着泰晤士河进攻英国的时候建造的。

这些花草的种子多半就是那个时候被带到了这里，它们被压在沉重的石头砖瓦之下，一年又一年，几乎丧失了生存的机会。但令人感到意外的是，一旦它们见到阳光，又立刻恢复了勃勃生机，绽开了一朵朵美丽的鲜花。

其实，女人也是如此。一个女人，不管她经受了多少苦难，一旦信念的阳光照耀在她身上，她便能获得强大的力量，这力量推动她去改变生活，拥抱幸福灿烂的人生。悲观主义者是没有未来的，只有对未来充满希望的人，才能在希望的阳光下茁壮成长。

相信积极思想的力量

2008年年底，在一片肃杀的气氛中，美国华尔街三一教堂忽然热闹了起来，穿着西装、提着公文包来祷告的信徒越来越多，“对比前几年，现在金融从业者来教堂的数量有所回升，”牧师马克·琼斯说，“这不足为奇，因为人们不知道他们明天是否还在位。”在此后几周内，这个教堂举办了讲习班和研讨会，主题包括“在不确定时期如何应对压力”和“职业生涯导航”等。与此同时，梵蒂冈圣彼得教堂的神父彼得·麦迪根也发现来祷告的人数逐渐多了起来，他说：“过去几天，人们焦虑和不安的情绪非常严重。面对黯淡的前景，能帮助我们渡过困境的就是信念。”

英国思想家、哲学家斯图尔特·米尔曾说过：“一个有信念的人，所发出来的力量，不下于99位仅心存兴趣的人。”这也就是为何信念能使人渡过难关，并开启卓越之门的缘故。由此可见，困境之下，由信念所带来的信心就是一剂灵丹妙药，即使它不能在短期内帮我们解决燃眉之急，但却能给我们心灵带来慰藉，给我们生活带来力量，帮助我们积极乐观地前行。有了信心的指引，生活中的任何磨难都会变得微不足道。

这是一个发生在美国内战期间最奇特的故事。

那个时候的艾迪太太认为生命中只有疾病、愁苦和不幸。她的第一任丈夫，在他们婚后不久就去世了，她的第二任丈夫又抛弃了她，和一个已婚妇人私奔，后来死在一个贫民收容所里。她只有一个儿子，却由于贫病交加，不得不在他4岁那年就把他送走了。她不知道儿子的下落，整整31年都没有再见到他。

她生命中戏剧化的转折点，发生在马萨诸塞州的林恩市。一个很冷的日子，她在城里走着的时候，突然滑倒了，摔倒在结冰的路面上，而且昏了过去。她的脊椎受了伤，不停地痉挛，甚至医生也认为她活不久了。医生还说即使是奇迹出现而使她活命的话，她也绝对无法再行走。

躺在一张看来像是送终的床上，艾迪太太打开她的《圣经》。她读到马太福音里的句子："有人用担架抬着一个瘫子到耶稣跟前来，耶稣就对瘫子说：'孩子，放心吧，你的罪赦了。起来，拿你的褥子回家去吧。'那人就站起来，回家去了。"

她后来说，耶稣的这几句话使她产生了一种力量，一种信仰，一种能够医治她的力量，使她"立刻下了床，开始行走"。

"这种经验，"艾迪太太说，"就像引发牛顿灵感的那只苹果一样，使我发现自己怎样地好了起来，以及怎样地也能使别人做到这一点。我可以很有信心地说：一切的原因就在你的思想，而一切的影响力都是心理现象。"

这不是神话，也不是偶然。我们活得越久，就越深信信心的力量。生命中总有一些转折点，抓住这样一个转折点，我们的人生就会有突破和进展。

信心不能给我们需要的东西，却能告诉我们如何得到。给自己一个信心，你的生活就会多一分希望。

世界上没有任何力量能像信心那样影响我们的生活。人生到底是喜剧收场还是悲剧落幕，是成功辉煌还是黯然神伤，全在于你保持着什么样的信心。一个没有信心的人，就好比少了马达的渡轮，注定要在汪洋中沉没。信心是决定我们潜能发挥程度的关键，有信心在人生之路上为你牵引，无论你身处什么样的折磨环境，你都能克服，最终走出不利局面。

在竞争激烈、强手如林的现代社会，我们总会有陷入困境的时候，或事业不顺，或经济困窘，这时，我们就应该把消极悲观扔在背后，满怀信心地积极争取，这样才有希望和机会渡过难关。这个世界上，所有的成功者无一例外都是满怀信心的人，都是坚信自己可以成功的人，都是在任何时候也不放弃自己的人。一个失去信心的人，没有办法全力以赴，自然也就成了一个失败者。

既要有深度，也要有弧度

某位名人曾经说过这样一段话：“男人不需要有深度的女人，只需要有弧度的女人。女人，如果不性感，就要感性；如果不感性，那要理性；如果不理性，就要有自知之明；如果一样都没有，那会很不幸……”作为女人，我们不能苟同，女人要感性也要理性，感性与理性完美交融才是最美、最有魅力的女性。

林徽因是一个美丽而又智慧的女人，她不仅具有诗人的浪漫与灵性，也拥有建筑家的理智和严谨务实的秉性，理性的才思和激情的潜流在她心底合而为一、水乳交融，因此，她的一生是将美丽做到了极致的一生。同时，在感情上林徽因也照样能够在理性与感性间拿捏分寸，游刃有余。林徽因少女时代与徐志摩是有过一段情谊的。徐志摩的爱是奔放的、热情的，他用他诗人的激情向她献上他的爱慕，他的爱表现的是轰轰烈烈的，如瀑布瞬间倾泻而下。相信当满腹才华的徐志摩走向她的时候，为她献上动人的诗句，任何一个年少的女孩子都会有一种眩晕的感觉，林徽因当然也不会例外。

然而林徽因最终并未选择徐志摩，而是嫁给了梁思成。林徽因的选择是对的。林徽因与梁思成不仅有感情的基础，同时，又有兴趣和专业上的共鸣，他们是志同道合、情投意合的理想伴侣。梁思成的爱虽不似徐志摩般热烈狂放，而是如涓涓细流，缓慢但却悠长。瀑布的豪放和激情只在它落下的时刻，最终一切都将会归于平静；宁静的湖水、涓涓流淌的溪流却是永久地在那里凝视。林徽因感性浪漫的细胞里还活跃着理性的成分，她选择了宁静致远的梁思成，而把年轻的激情留在了年轻的时光，她的一生没有因为爱情而沉沉浮浮，大起大落，选择了梁思成成就了她事业辉煌的一生。

至于有人说林徽因对待金岳霖的感情太过自私，活生生让这个天才横溢、玉树临风的哲学泰斗空守了她一生。这个我们不便多说什么，她抱病奔波在人迹罕至的穷乡僻壤考察建筑，她放弃国外的荣华留在祖国贡献余生，她对学生的关爱与循循教导证明了她的无私、忘我和真挚。而若说金岳霖为她终身未娶，这不是她的错。金岳霖对她的深情挚爱已不是她可以阻止得了，如果说当初金岳霖“逐林而居”她大可以避而不见，那么她死后几十年的时间，天人永隔，这种拒绝该是最彻底的了吧，可金岳霖退却了吗？金岳霖依旧痴心不改，为她终身未娶不说，就是到了八十岁高龄记忆力大幅衰退的时候，仍对她念念不忘。金岳霖的这种痴情程度，林徽因当初要是冷静拒绝，非但不是爱护，反是一种无情地摧残，对待一个人的深情，有时候需要的不是理智地开导，而是感性地包容和体谅。

要说有错的话，只怪老天，要么别让他们相识，要么就不该那么早就夺去林徽因的生命。对于相识林徽因，金岳霖一生该是无悔的吧！可是林徽因的英年早逝呢？金岳霖对她是“因为懂得所以慈悲”，遥想佳人当年的灵动鲜活、才华横溢、能言善辩，更体谅她一生辗转辛劳又疾病缠身，在病患中离世，金岳霖的痛非我辈不痛不痒的人可以琢磨一二。

不过，金岳霖总算没有“落花对流水”，林徽因也是懂得他也爱惜他的。而林徽因在这样一种深情之下仍能保持理智地克制，维护着家的稳固与尊严，没有作出“红杏出墙”之类的事情，她在受到了梁思成与金岳霖的尊敬的同时，也为世人所理解和仰慕。至于她死后7年梁思成再娶，她当初是否该选择金岳霖，相信她若在天有灵，会自有论断。

林徽因一生将美丽做到了极致，她的理性与感性的光芒在她身上交相辉映着，作为建筑师她有着通常理科头脑不具备的感情激流，她懂得风情，她的才思敏捷空灵，她的情感丰富深邃；作为诗人，她又不似一般女作家那般情感泛滥，感性得一塌糊涂，她头脑冷静，遇事懂得权衡利弊，因此她的情感历程不像许多同时代的女作家那样命途多舛；作为女人，她不会完全沉湎于风花雪月、人情过往中无法自拔。这方面她是超脱的，她的理性帮她摆脱了女性千百年来的视野局限，她能够放眼世界，用聪慧的头脑吸纳人类文明的种种精华，与人高谈阔论，论道人生；作为聪明绝顶的女性，她又不似通常意义上的“女强人”那样，自命不凡、板着面孔说教，给人一副铁石心肠、麻木不仁的感觉。林徽因虽然杰出，但她不失温婉，没有咄咄逼人的气势。她对人是体贴、理解和尊重的，这方面用感性色彩十足的“善解人意”一词来形容她再合适不过。

林徽因是深度与弧度相结合的女人，是感性与理性收放自如的女性，反观生活中的我们呢？有多少女人能够做得到像她这样？

生活中，我们见到的女性不是太感性就是太理性。太感性的女人容易感情用事，不该爱的男人你越阻止她越爱得起劲，其结果烈火焚心、痛不欲生；又或者想到什么就立马着手干什么，大张旗鼓、盲目冲动，到最后，满腔热血付诸东流，梦想现实南辕北辙！要么就是太过理性淡漠如寒冰的女人，别人的生老病死不关她的事，别人的爱恨离别根本不入她的眼，你若说她冷血，她振振有词地白你一眼：“生老病死本是人之常情，何必为此悲悲戚戚！”一副得道高僧，不解人间真情的模样，相信所有人在这种女人面前都会心灰意懒、不寒而栗的。女人，只有理性的深度和只有感性的弧度都不完美，只有感性与理性交相辉映，才是饱满圆融、生动真实的女人。

女人行走人生，就要做感性与理性水乳交融、既有深度又有弧度的完美女人。

瓦罐破了就不要再回头

有个名士叫孟敏，有一天他挑着瓦罐去太原，在路上走的时候，一不小心瓦罐掉到地上摔碎了，他头也不回地就走了。路边的人拦住问他，他很潇洒的回答："甑已破矣，视之何益？"瓦罐破了就不要再回头检查，悲伤后悔，那有什么好处呢？

天有不测风云，人有旦夕祸福。人活在世，谁都难免要遇上几次灾难或许多难以改变的事情，有些事是可以抗拒的，有些事是无法抗拒的。女人要学会去接受它、适应它，否则忧闷、悲伤、焦虑、失眠会接踵而来，最后的结局，你不能改变这些无法抗拒的事实，而是让无法抗拒的事实改变了你。

在荷兰阿姆斯特丹，有一座15世纪的寺院，寺院的废墟里有一个石碑，石碑上刻着："既已成为事实，只能如此。"

《可兰经》里有句哲语说得很好："如果你叫山走过来，山不走过来，你就走过去。"

有一位马老太太，她有一只祖传三代的玉镯子，每天擦了又擦，看了又看，真是爱不释手。一天不小心掉在地上摔碎了，老太太心痛万分，从此茶饭不思，人变得越来越憔悴。时隔一年，她离开了人世。最后咽气时，手里还紧紧攥着那只破碎的玉镯子。

巴甫洛夫说："忧悒和焦虑，足以给各种疾病大开方便之门。"许多名医的医疗实验证明，癫狂症、胃肠疾病、高血压症、冠心病及乳腺癌等，都与人的情绪有着直接的关系，有的则完全是由于强烈的情绪波动所引起的。

覆水难收，徒悔无益。

一位很有名气的心理学教师，一天给学生上课时拿出一只十分精美的咖啡杯，当学生们正在赞美这只杯子的独特造型时，教师故意装出失手的样子，咖啡杯掉在水泥地上成了碎片，这时学生中不断发出了惋惜声。教师指着咖啡杯的碎片说："你们一定对这只杯子感到惋惜，可是这种惋惜也无法使咖啡杯再恢复原形。如果今后在你们生活中发生了无可挽回的事时，请记住这破碎的咖啡杯。"

这是一堂很成功的素质教育课。学生们通过摔碎的咖啡杯懂得了，人在无法改变失败和不幸的厄运时，要学会接受它，适应它。

被称为世界剧坛女王的拉莎·贝纳尔，一次在横渡大西洋途中，突遇风暴，不幸从甲板上滚落，足部受了重伤。当她被推进手术室，面临锯腿的厄运时，突然念起自己所演过的一段台词。记者们以为她是为了缓和一下自己的紧张情绪，可她说："不是的！是为了给医生和护士们打气。你瞧，他们不是太严肃了吗？"

威廉·詹姆斯说："完全接受已经发生的事，这是克服不幸的第一步。"接受无法抗拒的事实，既然是第一步，那么有没有第二步？拉莎手术圆满成功后，她虽然不能再演戏了，但她还能讲演。她的讲演，使她的戏迷再次为她而鼓掌。

拉莎·贝纳尔在面对无法抗拒的灾难时，能跳出焦虑、悲伤的圈子，又跨上一个新的里程，这就是她的情绪"转换器"在起作用。

任何人遇上灾难，情绪都会受到影响，这时一定要操纵好情绪的转换器。面对无法改变的不幸或无能为力的事，女人不妨抬起头来，对天大喊："这没有什么了不起，它不可能打败我。"或者耸耸肩，默默地告诉自己："忘掉它吧，这一切都会过去！"

紧接着就要往头脑里补充新东西，因为头脑每时每刻都需要东西补充，这种补充就能使情绪"转换器"发生积极作用。最好的办法是用繁忙的工作去补充、去转换，也可以通过参加有兴趣的活动去补充、去转换。如果这时有新的思想、新的意识闪现出来，那就是最佳的补充和转换。

临危不乱才是真英雄

在情况危急的时候，沉着冷静，才能想出应对突发危险的正确方法。“泰山崩于前而色不变，麋鹿兴于左而目不瞬”。遇事镇定、冷静是这种良好的心理素质，一直以来作为大家风范，备受我们先辈的推崇。

“急中生智”这一成语，又写成“情急智生”。意思是说在万分紧急的情况下猛然想出了好主意、好办法。我国古今这一类典故颇多，如诸葛亮的“空城计”、曹植的“七步诗”、刘备的“闻雷拾箸”，妇孺皆知的是司马光的故事。和他一起玩耍的一个小孩突然掉进大水缸里了，其他的小孩都吓得跑光了，而司马光机智地拾起一块大石头把水缸砸破，水流出来了，受溺的小孩也得救了。东晋宰相谢安的镇定自若被世人广为流传，在强大的前秦兵临淝水时仍镇定自若，与客人下围棋。当他的侄子谢石、谢玄击退了秦军后，他平静地对客人说：“孩儿们已破贼。”

在危机发生的时刻，只有让自己保持头脑的清醒，才能够让自己在危急关头做出正确的决策，当机立断、付出行动，才能有效地处理问题。

阿加莎·克里斯蒂参加完一个宴会时已经很晚了，她笑着拦住要送她回家的朋友夫妇，独自一人匆匆上路了。这位英国女作家写过数十部长篇侦探小说，如《东方快车上的谋杀案》《尼罗河上的惨案》等，塑造了跟著名侦探福尔摩斯一样驰名全球的侦探赫尔克·波洛的形象。可是，谁会料到，这天晚上，她本人也遇到了抢劫。

她独自一人走在行人稀少的大街上时，在一幢大楼的阴影处，一个高大的男子手持一把寒气逼人的尖刀，向阿加莎·克里斯蒂扑了过来。克里斯蒂知道逃走是不可能的，就索性站住，等那人冲上来。“你，想要什么？”里克斯蒂显出一副极为害怕的样子问。“把你的耳环摘下来。”强盗倒也十分干脆。

一听强盗说要耳环，阿加莎·克里斯蒂紧锁的眉头舒展了。只见她努力用大衣领子护住自己的脖子，同时，她用另一只手摘下自己的耳环，一下子把它们扔到地上，说：“拿去吧！那么，现在我可以走了吗？”

强盗看到她对耳环毫不在乎，只是力图用衣领遮掩住自己的脖子，显然，她的脖子上有一条值钱的项链。他没有弯下身子去捡地上的耳环，而是重新下达了命令：“把你的项链给我！”

“噢，先生，它一点也不值钱，给我留下吧！”

“少废话，动作快点！”

克里斯蒂用颤抖的手，极不情愿地摘下自己的项链。强盗一把抢过项链，飞也似的跑了。阿加莎·克里斯蒂深深地舒了口气，高兴地拾起刚才扔在地上的耳环。

原来，阿加莎·克里斯蒂保护项链是假，保护耳环是真，她刚才的表演只不过是为了把强盗的注意力从耳环上引开而已。因为，她的钻石耳环价值480英镑，而强盗抢走的项链，是玻璃制品，仅值6英镑。

年轻的女人，在为人处世时，最忌讳的就是急成热锅上的蚂蚁，忙中出错。危急关头，任何抱怨都不能解决问题，唯有保持冷静的头脑，审时度势，极寻找正确的方法，是获得成功的秘诀。

别有事没事就玩点“小伤感”

生活不是林黛玉，不会因为忧伤而风情万种。

在恋爱时，眼泪是女人最致命的武器，可以让男人失去阵脚，妥协投降。但是这并不代表女人有事没事就可以玩点小伤感，像那“葬花”的林妹妹一样。这世界上几乎没有“宝哥哥”了，谁还会总是在乎你的泪水？

然而，如今还是有很多女人把黛玉式的病态、愁态、苦态理解为女人味。这种女人总是多愁善感，总盯着自己脚下的一亩三分地，好像自己是整个世界的中心，自己悲观失意，整个世界便没有欢乐可寻。这样的女人，自以为是地把人生当做一场灾难，尽管佛陀普度众生，但是也无法把她引出苦海。这类女人似乎与生俱来就只有悲愁和哀怨，没有欢乐和喜悦。男人若是迷上这样的女人，难免会步入一个郁郁寡欢、凄惨悲哀的痛苦世界。

要知道，整天愁眉苦脸，女人就很容易变老。当忧愁的痕迹爬上脸庞之后，多愁善感也就不会有所谓的“美”的效果，顶多是“东施效颦”的丑态。

再说，生活中真有那么多值得感伤的事情吗？

林曦是一所名牌大学中文系的高才生，毕业之后在一家出版社做编辑，工作很顺利。但是她骨子里是一个多愁善感的文学青年，在大学期间就常发表一些心情文章，有的时候一次下雨都可以引起她大发春秋之悲。工作中，她还继续这一作风，整天为一些小事唉声叹气。愁眉苦脸的她周围总是围绕着一层阴云，让同事对她敬而远之，虽然能力很强，但在单位被孤立的滋味并不好受，于是林曦的多愁善感更加严重了。最后，她因无法承受被别人孤立的痛苦，辞职了。

现实生活不是艺术，没有太多的悲欢离合，平平常常便是生活。或许会有很多磕磕碰碰，有一些小烦恼，但我们没有必要放大这些小问题，以此来显示自己的柔弱之美。

在现代社会，所有的人都在紧张地忙碌着，这种忙碌是一种莫名其妙的忙碌，许多人并不知道自己为什么而忙。或许，我们担心在竞争的压力下会失去内心的安全感，于是，悲观的感叹油然而生。

大方一些，只要我们学会微笑，一切都会烟消云散。没有什么东西能比一个阳光灿烂的微笑更能打动人的了。

不要总是让忧愁爬上你的脸，那样只会过早地增添你的皱纹，也让你的心渐渐疲倦。多一些简单的快乐，多一些微笑，于人于己都是好事。翘一翘你的嘴角，一个很自然的弧度，就能满满地承载你的小幸福。

善良应该是女人最闪亮的底色

到底什么样的女人最美，一百个人有一百个答案。但我相信，这些答案里肯定都包含了一个词，那就是“善良”，好女人都该很善良。女人无论会成为怎样的人，善良都应该是你最闪亮的底色。

善良，是一种温馨的力量，它总是很容易地聚集人气，使你成为最受欢迎的一个。一个人的生命，除非有助于他人，除非充满了喜悦与快乐，除非养成对人人怀着善意的习惯，对人人抱着亲爱友善的态度，并从中得到喜悦与快乐，否则他就不能称得上成功，也不能称得上幸福。

佛家常说：放下屠刀，立地成佛。人生在世，谁都会犯错，有人甚至一错再错，陷入迷途而永不回头。但，只要心底深处的善和良知尚未完全泯灭，他的灵魂便多了一份清净、亮丽。

监狱中，一个中年死囚将被行刑，他最后的要求是：看看今天的报纸。

他和报纸有着不解之缘。一天，找工作的他走累了，坐在马路边上，随手拾起一张破报纸，发现了一条致富消息，他就去干了，赚了一笔钱。后来，为了赚更多的钱，他渐渐地走上了不归路。

死囚随意地翻着报纸，然后，他的目光盯住了一则消息：本市某大学一名优秀的女孩患了肝功能衰竭，生命垂危。而她依旧乐观，每天都在医院里坚持学习。如果换肝，她就能得救。可她家境困苦，也没有人给她提供肝脏……

看完这则消息，死囚平静地喊来看管，要了纸和笔，写了一份遗书：

我的心黑了，灵魂扭曲了，可我的肝脏还很健康，还有很强的生命力。请把我的肝脏移植给那位女大学生，她的路还很长，很美好。让我一个有罪之人，为她的年轻生命做最后的一件事吧！我有一笔存款，是我用血汗挣来的，是干干净净的钱。我要求把这笔钱送给那位女大学生，作为她换肾的医疗费。如果允许的话，让我见一下她……

几个星期后，报纸上又登出一则消息：本市患肝功能衰竭的女大学生移植肝脏成功，已重返校园……

爱心没有早晚。拥有它的女人，既赠予他人幸福，又让自己的生命从容而无悔。古人说，朝闻道，夕死可矣。同样，播种爱与善的种子，对一个人而言，任何时候都不算太晚。

做一个善良的人，即使你没有华服，没有美貌，没有才华，你依然可以成为最美丽的女人。恒久远的不是钻石，而是一颗金子般的心。

第三章

幸福是一种心态

- 幸福是一种心态，一种自我感受
- 可以有欲望，但不可有贪欲
- 人生的幸福路，就是不走极端
- 痛苦只是幸福的前奏
- 快乐常在放弃之后
- 最理想的快乐是有人和你一起分享
- 聪明女人用感恩之心体味生活
- 活着本身就是一种幸福

幸福是一种心态，一种自我感受

女人一生都在追求幸福，实际上幸福也时刻伴随着我们，只不过很多时候，我们身处在幸福的山中，往往没有悉心感受自己所拥有的幸福天地。其实，幸福是一种象征，是一种自我感受，想做一个快乐女人，就要把握这种象征和感觉。

什么是幸福？法国小说家方登纳在《幸福论》中所阐述的定义是："幸福是人们希望永久不变的一种境界。"也就是说，如果我们的肉体与精神所处的一种境界，能使我们想，"我愿一切都如此永存下去"，或浮士德对"瞬间"所说的，"哟！留着吧，你，你是如此美妙"，那么我们无疑是幸福的。

在生活中每个女人对幸福的诠释各有不同。许多时候，她们往往对自己的幸福熟视无睹，而觉得别人的幸福却很耀眼。

然而，尽管她们没有感觉到自己的幸福，但幸福却是实实在在地存在着，有时候真正的幸福恰恰不是先求而后得，而是在困境之中与之邂逅的。一个女人一直抱怨没有鞋穿，见到没有脚的人之后，她因自己的健全而体味到了幸福。

一个失恋者被痛苦折磨得死去活来，她恨命运不济、造物不仁，让自己变为孤独而又畸形的人，但当她见到一个失去双臂的人用脚写字、缝衣服的时候，突然觉悟到丢失一位心上人比起丢失双臂来实在微不足道，虽失掉了心灵揽系，终究还能重新振作起精神，饱尝青春之甘美、沐浴生命之恩泽。她从振作精神中体味到了幸福。

女人最难能可贵的是明白自己追求的是什么，付出的是什么，从而正确地做出自己的选择，快乐地享受自己的幸福。

从前，有一个公主总觉得自己不幸福，就向别人请教如何能够让自己变得幸福。别人告诉她找到一个感觉幸福的人，然后将他的衬衫带回来。公主听后派自己的手下四处寻找自认为幸福的人。手下碰到人就问："你幸福吗？"回答总是：不幸福，我没钱；不幸福，我没亲人；不幸福，我得不到爱情……就在他们不再抱任何希望时，从对面被阳光照着的山冈上，传来了悠扬的歌声，歌声中充满了快乐。他们随着歌声走去，只见一个人躺在山坡上，沐浴在金色的暖阳下。

"你感到幸福吗？"公主的手下问。

"是的，我感到很幸福。"那个人回答说。

"你的所有愿望都能实现，你从不为明天发愁吗？"

"是的。你看，阳光温暖极了，风儿和煦极了，我肚子又不饿，口又不渴，天是这么蓝，地是这么阔，我躺在这里，除了你们，没有人来打搅我，我有什么不幸福的呢？"

"你真是个幸福的人。请将你的衬衫送给我们的公主，公主会重赏你的。"

"衬衫是什么东西？我从来没见过。"

幸福是一种心态，一种自我感受，就像上面故事中的那个躺在山坡上的人，他连衬衫都没见过，可以说在物质上他很贫困，可是他依然感到很幸福。

在现实生活中，有钱人物质生活优越这是不争的事实，但是有钱人不一定有幸福，更重要的是就算有幸福存在他们也未必感受得到。放弃自己的追求，跟随别人的足迹，就会偏离自己人生的轨道。我们可以追求金钱，但是幸福生活的标准本身并不是由那些富人们定出的。钱本身并没有错，错的是我们的态度。也许我们终生都不能大富大贵，但这并不意味着我们在自己平凡普通的生活中找不到幸福，找不到健康的身体、充满活力的心、相亲相爱的家人和志同道合的朋友。

幸福是没有标准答案的。世界上没有完全相同的两片树叶，也没有完全相同的两个人。每个女人对每一件事物、每一天的生活都会有自己独特的感受。如果我们能够把握幸福这种感觉，我们的生活一定会充满快乐。

可以有欲望，但不可有贪欲

对于生活，普通的老百姓没有那么多言辞来形容，但是他们有自己的总结技巧。于是，很多大爷大妈总会在我们耳根子念叨：做人啊，要本分，不要丢了西瓜捡芝麻。这个道理其实与文化人伊索说的是一样的。伊索说："许多人想得到更多的东西，却把现在所拥有的也失去了。"

的确，人生的沮丧很多都是源于得不到的东西，我们每天都在奔波劳碌，每天都在幻想填平心里的欲望，但是那些欲望却像是反方向的沟壑，你越是想填平，它就向下凹得越深。

欲望太多，就成了贪婪。贪婪就好像一朵艳丽的花朵，美得你兴高采烈、心花怒放，可是你在注意到它的娇艳的同时，却忘了提防它的香气，那是一种让你身心疲惫却永远也感受不到幸福的毒药。从此，你的心灵被索求所占据，你的双眼被虚荣所模糊。

年轻的时候，艾莎比较贪心，什么都追求最好的，拼了命想抓住每一个机会。有一段时间，她手上同时拥有13个广播节目，每天忙得昏天暗地，她形容自己："简直累得像狗一样！"

事情都是双方面的，所谓有一利必有一弊，事业越做越大，压力也越来越大。到了后来，艾莎发觉拥有更多、更大不是乐趣，反而成为一种沉重的负担，她的内心始终有一种强烈的不安全感。

1995年，“灾难”发生了，她独资经营的传播公司被恶性倒账四五千万美元，交往了七年的男友和她分手……一连串的打击直奔她而来，就在极度沮丧的时候，她甚至考虑结束自己的生命。

在面临崩溃之际，她向一位朋友求助：“如果我把公司关掉，我不知道我还能做什么？”朋友沉吟片刻后回答：“你什么都能做，别忘了，当初我们都是从‘零’开始的！”

这句话让她恍然大悟，也让她勇气再生：“是啊！我们本来就是一无所有，既然如此，又有什么好怕的呢？”就这样念头一转，她不再沮丧。没想到，在短短半个月内，她连续接到两笔很大的业务，使濒临倒闭的公司起死回生。

历经这些挫折后，艾莎体悟到了人生“无常”的一面：费尽了力气去强求，虽然勉强得到，最后留也留不住；而一旦放空了，随之而来的可能是更大的能量。

她学会了“舍”。为了简化生活，她谢绝应酬，搬离了150平方米的房子，索性以公司为家，挤在一个10平方米不到的空间里，淘汰不必要的家当，只留下一张床、一张小茶几，还有两只做伴的狗儿。

艾莎赫然发现，原来一个人需要的其实那么有限，许多附加的东西只是徒增无谓的负担而已。

人人都有欲望，都想过美满幸福的生活，都希望丰衣足食，这是人之常情。但是，如果把这种欲望变成不正当的欲求，变成无止境的贪婪，那我们无形中就成了欲望的奴隶。

在欲望的支配下，我们不得不为了权力、为了地位、为了金钱而削尖脑袋往里钻。我们常常感到自己非常累，但仍觉得不满足，因为在我们看来，很多人生活比自己更富足，很多人的权力比自己的大。所以我们别无出路，只能硬着头皮往前冲，在无奈中透支着体力、精力与生命。

这样的生活，能不累吗？被欲望沉沉地压着，能不精疲力竭吗？静下心来想一想：有什么目标真的非要实现不可，又有什么东西值得我们用宝贵的生命去换取？

聪明的女人，应该学会适当地修剪一下自己的欲望，若让那些不必要的贪念支配你的生活，那么你就会不经意地错过了生命的花期。

人生的幸福路，就是不走极端

在生活中，很多人之所以不幸福，是因为他们喜欢走极端，总是苛求这个，苛求那个，最后使自己的生活完全失去了乐趣。

现实生活中，喜欢走极端的大有人在，最明显的一类喜欢走极端的人就是完美主义者。对于完美主义者来说，他们绝对不允许自己的生活出现瑕疵。

如果你看过美剧《绝望的主妇》，那么你一定记得特征明显的女主角之一Bree，她就是最为典型的完美主义者。

她做事力求一百分，无论是家务、烹饪、仪容和相夫教子，她都尽心尽力。她永远会让房间一尘不染，烫平每件衣物，经常通过开Party来表现自己是优秀的女主人。

她是一个自我要求严格的人，出门时一定是一丝不苟，从头到脚都要整整齐齐、干干净净。同时，她对家人也要求严格，用完的东西一定要放回原位，连筷子、汤匙的摆法、朝向都要一致。

她的过分刻意和挑剔，使得丈夫和两个孩子在家里感到很不安，因为他们必须按照Bree完美的安排去生活，从吃早餐、袜子的颜色到交男女朋友都有规定，一旦做错，Bree会立刻纠正和提醒。家里所有的人在她的

“完美”之下都有一种窒息感。

当Bree得知丈夫嫖妓之后，异常愤怒；当知道儿子是同性恋时，也怒不可遏。因为她倾尽心力经营的完美爱情、完美家庭已经不再完美了。所以，她也有了外遇，并且间接害死了丈夫。

当丈夫心脏病突发去世之后，Bree并没有像其他年轻的寡妇一样悲恸欲绝，她关心的焦点是如何操持一场完美的葬礼。在葬礼中，一向端庄稳重的Bree做了一件异常疯狂的事。当牧师请众亲友向她丈夫的遗体告别时，Bree大声喊停，原因竟然是她不能忍受婆婆给丈夫戴的那条“可笑的黄色领带”。于是，她在众目睽睽下，解下朋友的领带为丈夫换上。完成这一切后，她才露出了满意的笑容。

这样的行为在很多人看来不可理喻，但是了解了完美主义者的思维方式和关注焦点，Bree的行为就不那么难以理解了。完美主义者对自己的感觉和感受，常用自我麻醉的方法来进行压抑和否定。面对生活中的摩擦和矛盾，完美主义者往往难以平心静气与人进行很好的沟通，达成一致意见，而是按照自己所理解的完美方案去要求对方，从而不能使问题得到解决。

完美主义者对待感情很忠诚，因为他们的内心不允许他们做不道德的事情。同时，他们也要求对方做到绝对忠诚，一旦发现对方有不忠的行为，完美主义者会非常愤怒而绝望，受到伤害的完美主义者往往会用毁灭感情的方式来做一个彻底的了结。

所以，我们要明白：人生的幸福路，就只不走极端。比如说，一个人要老实，但是不能太老实。一方面太老实的人没什么个性没什么特点，另一方面太老实也被看成是无能的表现。要聪明，但不能太聪明，小心聪明反被聪明误。与其在生活中一味地追求拔尖，我们不如追求适用。就像有人说的那样，在学习的时候，我们要做一个锥体，用心钻研；在做人的时候要做正方体，方方正正；在为人处世的时候，我们要做球体，圆圆融融。

一个人在生活中，与其过分地追其极端，不如追求平衡。只要我们的内心平稳，只要我们的心灵足够舒服，我们就没有必要走极端路线。

痛苦只是幸福的前奏

痛苦连接着生活与命运，是孕育幸福的土壤，缺乏痛苦的人生便失去了光彩。痛苦让我们对生命的体验不在浮于表面，而是触到了本质，体验到更深邃的人生境界。

我们所经历的痛苦是短暂的，焦躁的人们还没有等到幸福，就以为幸福把我们遗弃了。于是，悲观和消极侵袭了我们的头脑，失望和沮丧占据了我们的生活。其实，上帝总是热衷于考验人们的耐心，它不厌倦地玩着一种游戏，即在经过了苦楚之后再赠予人们甘甜。痛苦是化了妆的礼物，在经历过痛苦打磨之后，幸福就会猛烈的到来。

1987年3月30日晚上，洛杉矶音乐中心的钱德勒大厅内灯火辉煌，座无虚席，人们期盼已久的第59届奥斯卡金像奖颁奖仪式正在这里举行。在热情洋溢、激动人心的气氛中，玛莉·马特琳走上领奖台，从上届影帝——最佳男主角奖获得者威廉·赫特手中接过奥斯卡金像。

手里拿着金像的玛莉·马特琳激动不已，她把手举了起来，但不是那种向人们挥手致意的姿势，眼尖的人已经看出她是在向观众打手语。原来，这个奥斯卡金像奖最佳女主角奖获得者，竟是一个聋人女演员。

玛莉·马特琳出生时是一个正常的孩子，但她在出生18个月后，被一次高烧夺去了听力。

但是玛莉·马特琳对生活充满了激情，她从小就喜欢表演，8岁时加入伊利诺伊州的聋哑儿童剧院，9岁时就在《盎司魔术师》中扮演多萝西。

但16岁那年，玛莉被迫离开了儿童剧院。所幸的是，她还能时常被邀请用手语表演一些聋哑角色。正是这些表演，使玛莉认识到了自己生活的价值，克服了失望心理。她利用这些演出机会，不断锻炼自己，提高演技。

1985年，19岁的玛莉参加了舞台剧《上帝的孩子》的演出，她饰演的是一个次要角色。可就是这次演出，使玛莉走上了银幕。

女导演兰达·海恩丝决定将《上帝的孩子》拍成电影。可是为物色女主角——萨拉的扮演者时，她发现了玛莉高超的演技，决定立即起用玛莉担任影片的女主角，饰演萨拉。

玛莉扮演的萨拉，在全片中没有一句台词，全靠极富特色的眼神、表情和动作，揭示主人公矛盾复杂的内心世界——自卑和不屈、喜悦和沮丧、孤独和多情、消沉和奋斗。玛莉十分珍惜这次机会，她勤奋、严谨、认真地对待每一个镜头，用自己的心去拍，因此表演得惟妙惟肖，让人拍案叫绝。

就这样，玛莉·马特琳实现了人生的飞翔，成为美国电影史上第一个聋人影后。

在颁奖晚会后，面对记者的采访，她用手语说：我经历了很多不幸，但是我一直坚信幸运不曾将我遗弃。

的确，幸福是公平的，它会公平的对待每个人。痛苦只是幸福的前奏，作为人生旅途的重要部分，从伊甸园开始就有了。亚当夏娃偷食禁果，被驱逐出伊甸园，开始了漫长的流放生涯，至此，我们再也无法回头，只能向前，穿越人生的沙漠，走过灼热而荒芜的大地，这是一个艰难而痛苦的旅程。然而，也正是因为这一路的痛苦，我们才能完善自我，当幸福到来的时候，我们才能有更深的感知。

生命是一次次的蜕变过程，唯有经历各种各样的苦难，才能拓展生命的宽度。通过一次又一次与各种苦难握手，历经反反复复的较量，人生的阅历就在这个过程中日积月累、不断丰富。

蝴蝶的幼虫是在一个洞口极其狭小的茧中度过的，当它的生命要发生质的飞跃时，这个天定的狭小的通道对它来讲无疑成了“鬼门关”，那娇嫩的身躯必须竭尽全力才可以破茧而出。许多幼虫在往外冲杀的时候力竭身亡，不幸成了飞翔的悲壮祭品。

有人怀了悲悯恻隐之心，企图将那幼虫的生命通道修得宽阔一些。他们用剪刀把茧的洞口剪大，这样一来，所有受到帮助而见到天日的蝴蝶都不是真正的精灵——它们无论如何也飞不起来，只能拖着丧失了飞翔功能的双翅在地上笨拙地爬行！原来，那“鬼门关”般的狭小茧洞恰恰是帮助蝴蝶幼虫两翼成长的关键所在。幼虫在穿越的时候，通过用力挤压，血液才能被顺利输送到蝶翼的组织中去；唯有两翼充血，蝴蝶才能振翅飞翔。人为地将茧洞剪大，蝴蝶的双翅就没有了充血的机会，爬出来的蝴蝶便永远与飞翔绝缘。

人成长的过程恰似蝴蝶的破茧过程，在痛苦的挣扎中，意志得到磨炼，力量得到加强，心智得到提高，生命在痛苦中得到升华。当你从痛苦中走出来时，就会发现，你已经拥有了飞翔的力量。如果你不曾经受挫折，也许你就会像那些受到“帮助”的蝴蝶一样，萎缩了双翼，平庸一生。

快乐常在放弃之后

放弃，是一种睿智，是一种豁达，它对心境是一种宽松，对心灵是一种滋润。只有懂得放弃的女人才能拥有快乐，拥有海阔天空的人生境界。所以，千万别忘了，生活中还有一种智慧叫“放弃”！

在生活中，很多女人都在为自己美好而绚丽的梦想苦苦追寻。遗憾的是，能实现梦想的女人很少很少。没有实现梦想的女人，往往是因为一开始就做了一件自己根本就无法做到的事情，最终梦想只能变成泡影。

每个女人的时间都是有限的，有许多事情都不值得花费太多的时间去完成。如果是一件于己无益的事，适时地放弃也许才是最好的选择。

一位从事室内设计的工程师说起关于简约的空间美学的话题时说："就建筑或者室内设计而言，简约比复杂的难度还要高许多，因为加上东西是容易的，可是要减掉东西，却需要更多、更敏锐的美学素养与判断。"

其实，懂得放弃的道理，也是人生之中更大、更深的课题。从呱呱落地开始，我们一直学习的都是用加法来面对人生的课题。

可是，这样的加法却在许多时候，成为卡住我们，让我们困惑、凝滞的关键，因为加法并不是面对人生课题时唯一的方法，有些时候，你必须用"减法"才能够解得开。而所谓的减法，正是放弃的艺术。

无论你的选择是什么，你注定会失去一些东西，也注定会在失去的同时获得一些东西。其实有时得到什么、失去什么，我们心里都很清楚，只是觉得每样东西都有它的好处，哪样都舍不得放手。

比如大学毕业分手的那一刻，当同窗数载的朋友紧握双手，互相轻声说保重的时候，每个人都止不住泪流满面……放弃一段友谊固然会于心不忍，但是每个人毕竟都有各自的旅程，我们又怎能长相厮守呢？固守着一位朋友，只会挡住我们人生旅程的视线，让我们错过一些更为美好的人生山水。学会放弃，我们就有可能拥有更为广阔的友情天空。

又如我们放弃一场刻骨铭心的恋情也是比较困难的。但是既然那段岁月已悠然遁去，既然那个背影已渐行渐远，又何必要在一个地点苦苦地守望呢？不如冷静地后退一步，学会放弃，一切又会柳暗花明。

任何一个想要成功的女人，不仅要敢于梦想，敢于追求，敢于迎接各种各样的挑战，敢于为实现自己的目标去努力进取，还要学会选择和放弃。

一个成功的女人，或者一个有着明确奋斗目标的渴望成功的女人，之所以能够取得成功，是因为她舍得放弃那些在旁人看来是珍贵的东西。

在现实生活中，也有很多这样的女人，她们舍不得放弃任何东西。因为不能放弃、不能放手，她们面对了很多无奈的痛苦，因而深陷在无法自拔的困境之中。

有一位女孩所学专业不错，家境也好，在单位工作的十年间她没有停止过“充电”，先自修英语、计算机，又拿了驾驶执照，谁也不能说她不曾努力过。然而一次次利用业余时间匆匆参加招聘会，一次次权衡利弊最终因为有一匹“劣马”可骑，便迟迟下不了决心，怕一失足摔得很狼狈。等单位面临破产时才打算搏一下，但年龄已大竞争力大打折扣。

放弃是一种顾全大局的果敢，放弃同样需要勇气和胆略。面对全军覆没的危险，有胆略的军事家会说：三十六计走为上。面对将要破产倒闭的厄运，有眼光的企业家会说：留得青山在，不怕没柴烧。大兵压境时，毛泽东毅然放弃过延安。落水的财主因舍不得腰间沉甸甸的铜钱而最终葬身鱼腹。

放弃是一种泰然处之的大度，汲汲于名利者永远不会知道满足。金山银山，换不来会心一笑；机关算尽，只留得千古骂名。请记住赫拉克利特的话，最优秀的人宁愿只要一件东西，而不要其他一切。

懂得放弃才有快乐，背着包袱走路总是很辛苦。中国历史上，“魏晋风度”常受到称颂，他们于佛家、道家、儒家，哪一家也说不上，但是哪一家都有一点，在入世的生活里，又有一分出世的心情，说到底，是一种不把心思凝结在“斧子”上的心态。

女性同胞们，学会放弃吧！放弃并不代表失败和气馁，适时的放弃是为了更少地失去。适当地有所放弃，正是我们获得内心平衡、获得快乐的好方法。

最理想的快乐是有人和你一起分享

著名节目主持人杨澜在答普鲁斯特问卷时，针对“您认为最理想的快乐是什么”这个问题时曾答道：“最理想的快乐是有人能够跟你分享，无论是家人还是朋友。我觉得别人能够跟你分享的时候，你肯定觉得更快乐。我觉得人类是社会动物，所以你的快乐要能够分享的时候是最理想的快乐。”还有一句名言说：“人活着应该让别人因为你活着而得到益处。”学会分享、给予和付出，你会感受到舍己为人，不求任何回报的快乐和满足。

有了美好和幸福，不是独自一个人享受，而是让大家共享，并且把美好和幸福分送给每一个人，直至大家人人都有一份了，自己却变得一无所有，这种一无所有才是真正的拥有啊！

幸福犹如香水，你不可能泼向别人而自己却不沾几滴。的确，在生活中，超越狭隘、帮助他人、撒播美丽、善意地看待这个世界……快乐、幸福和丰收会时时与我们相伴。对此，罗曼·罗兰说得很精彩：“快乐和幸福不能靠外来的物质和虚荣，而要靠自己内心的高贵和正直。”

贝尔太太是美国一位有钱的贵妇，她在亚特兰大城外修了一座花园。花园又大又美，吸引了许多游客，他们毫无顾忌地跑到贝尔太太的花园里游玩。年轻人在绿草如茵的草坪上跳起了欢快的舞蹈，小孩子扎进花丛中捕捉蝴蝶，老人蹲在池塘边垂钓，有人甚至在花园当中支起了帐篷，打算在此过他们浪漫的盛夏之夜。贝尔太太站在窗前，看着这群快乐得忘乎所以的人们，看着他们在属于她的园子里尽情地唱歌、跳舞、欢笑，她越看越生气，就叫仆人在园门外挂了一块牌子，上面写着：私人花园，未经允许，请勿入内。可是这一点也不管用，那些人还是成群结队地走进花园游玩。贝尔太太只好让她的仆人前去阻拦，结果发生了争执，有人竟拆走了花园的篱笆墙。

后来贝尔太太想出了一个绝妙的主意，她让仆人把园门外的那块牌子取下来，换上了一块新牌子，上面写着：欢迎你们来此游玩，为了安全起见，本园的主人特别提醒大家，花园的草丛中有一种毒蛇，如果哪位不慎被蛇咬伤，请在半小时内采取紧急救治措施，否则性命难保。最后告诉大家，离此地最近的一家医院在威尔镇，驱车大约50分钟即到。

这真是一个绝妙的主意，那些贪玩的游客看了这块牌子后，对这座美丽的花园望而却步了。可是几年后，有人再往贝尔太太的花园去，却发现那里因为园子太大，走动的人太少而真的杂草丛生，毒蛇横行，几乎荒芜了。孤独、寂寞的贝尔太太守着她的大花园，她非常怀念那些曾经来她园子里玩耍的快乐的游客。

贝尔太太用一块牌子为自己筑起了一道特别的“篱笆墙”，随时防范别人的靠近。这道看不见的篱笆墙就是自我封闭。

自我封闭就是把自我局限在一个狭小的圈子里，隔绝与外界的交流与接触。自我封闭的人就像契诃夫笔下的套中人一样，把自己严严实实包裹起来，因此很容易陷入孤独与寂寞之中。自我封闭的后果是什么呢？在封闭自己的同时，也把快乐和幸福封闭在外面。

我们每个人心中都有一座美丽的大花园，如果我们愿意让别人在此种植快乐，同时也让这份快乐滋润自己，那么我们心灵的花园就永远不会荒芜。

聪明女人用感恩之心体味生活

为何有些女人总是抱怨自己的生活呢？抱怨自己的外表不够美丽，抱怨拥有的财富不够多，抱怨家庭不够幸福，丈夫不够体贴，孩子不够懂事，抱怨自己的生活太过平凡。但女人是否应该换个角度，发现你所拥有的，感恩生命赋予你的东西。一个拥有感恩之心的女人，就不会被虚荣蒙上你的眼睛。

曾经有人说过这样一段话：

如果早上醒来，你发现自己还能自由呼吸，你就比在这一周离开人世的100万人更有福气。

如果你从未经历过战争的危险、被囚禁的孤寂、受折磨的痛苦和忍饥挨饿的难受……你已经好过世界上5亿人。

如果你的冰箱里有食物，身上有足够的衣服，有屋栖身，你已经比世界上70%的人更富足。

如果你银行户头有存款，钱包里有现金。你已经身居世界上最富有的8%的人之列。

如果你的双亲仍然在世，并且没有分居或离婚，你已属于稀少的一群。

如果你能抬起头，带着笑容，充满感恩的心情，你是真的幸福——因为世界上大部分的人都可以这样做，但是，他们没有。

当你读完这段话时，内心是否也感到一阵巨大的震撼呢？你或许是平凡的，但你不一定就不是幸福的。你的财富往往就是这些看似平凡的东西，只要你拥有一颗感恩的心，就不会被虚荣蒙上眼睛，幸福也就是这么简单。

郭晖是北京大学外国语学院的在读博士生，小时候因误诊延误治疗而导致高位截瘫。23年来，她靠着惊人的毅力，不仅在病床和轮椅上学完了小学到硕士的课程，还掌握了四门外语，2003年考入北京大学英语系读博士。

郭晖的求学经历让听者无不为之动容。身体瘫痪后，郭晖在病床上开始了漫长的自学道路。由于她只能躺在床上，不方便看书，有时候只能趴着看，久而久之，胳膊肘都磨出了茧子。她通过自学完成了初、高中的课程，萌生了参加高考的想法。可是，她那时仍旧不能坐稳，时间一长，腿会抽筋，抽筋的力量很大，甚至会把整个上身甩出去。而且，那时高考需要预选，郭晖不是在校学生，没有预选资格。为了能上学参加考试，郭晖用了一年的时间锻炼身体，练习长时间地保持坐姿。

后来，她又参加了一个自考培训班，上午上课，下午自习。因为上厕所不方便，下午郭晖都回家自习，通过刻苦努力拿到了自考的本科学位，并完全靠自学通过了第二外语——日语的全国统考。但就在她准备申请硕士学位时，“高教委”对一些学科申请学位的规定做出了调整。按规定，郭晖不得不在三年后的两次机会中重新考一次第二外语并通过，才能获得申请硕士学位的资格。

要强的郭晖心有不甘，决定再考，并且选择了学习一门新的外语——法语。又是两年苦战，她付出了比别人多几倍甚至几十倍的心血，终于得到了回报，她以71分的成绩通过考试。这个分数，郭晖刻骨铭心，她为了硕士学位所付出的努力，终于没有白费。

郭晖就这样顶着命运的打击、生命的苦难，敲开了燕园大门，成了一名博士生。

面对生活的苦难，郭晖总是牢牢记住这三句话：

我们这些健康人都是暂时的健康，谁也不知道会发生什么。

怨天尤人解决不了问题。

我珍惜生活里的每一天。

你觉得她很不幸吗？不！她绝对是一个幸福的女人，一颗感恩的心让她平静、满足，让她懂得珍惜，学会欣赏，让她不会停留在痛苦和绝望中，让她拥有足够的信心和力量去拥抱每一个灿烂的明天。

懂得感恩，肉体的痛苦便显得微不足道，永远无法抹杀精神的快乐。感恩的心不会在命运阴霾的笼罩下窒息，反而会永远生机勃勃。

所以，我们不必感叹别人的富裕，嫉妒别人的权势，因为我们的生命中也有很多让别人羡慕的精彩。抛开那些无休止的欲望吧，它只会令人徒增烦恼。只有当你知道自己幸福的时候，你才是真正幸福的人。

活着本身就是一种幸福

有位青年，厌倦了生活的平淡，感到一切只是无聊和痛苦，为寻求刺激，青年参加了挑战极限的活动。

活动规则是：一个人待在山洞里，无光无火亦无粮，每天只供应5千克水，时间为整整5个昼夜。

第一天，青年颇觉刺激。

第二天，饥饿、孤独、恐惧一齐袭来，四周漆黑一片，听不到任何声响，于是他有点向往起平日里的无忧无虑来。他想起了乡下的老母亲不远千里地赶来，只为送一坛韭菜花酱以及小孙子的一双虎头鞋；他想起了终日相伴的妻子在寒夜里为自己掖好被子；他想起了宝贝儿子为自己端的第一杯水；他甚至想起了与他发生争执的同事曾经给自己买过的一份工作餐……渐渐地，他后悔起平日里对生活的态度来：懒懒散散，敷衍了事，冷漠虚伪，无所作为。

到了第三天，他几乎要饿昏过去。可是一想到人世间的种种美好，便坚持了下来。第四天、第五天，他仍然在饥饿、孤独和极大的恐惧中反思过去，向往未来。

他责骂自己竟然忘记了母亲的生日，他遗憾妻子分娩之时未尽照料义务，他后悔听信流言与好友分道扬镳……他这时才发现需要他努力弥补的事情竟是那么多。可是，连他自己也不知道，他能不能挺过最后一关。此时，泪流满面的他发现：洞门开了。阳光照射进来，白云就在眼前，淡淡的花香，悦耳的鸟鸣——他又迎来了一个美好的人间。

青年扶着石壁蹒跚着走出山洞，脸上浮现出了一丝难得的笑容。五天来，他一直用心在说一句话，那就是：生命是上天赠予给我们的美意，活着才是幸福。

有时候我们因为没有明白上天的美意而常常抱怨，以为生活就是一种折磨。可是，当我们放下苦难的包袱，敞开自己的心扉，积极地对待生活中的每一天时，我们才发现，原来生活并非全是苦难，当我们细心品味的时候，就能发现幸福。

幸福是简单的，没有过多的附加条件。拥有的名和利，不会成为幸福与否的评估条件，相反地，过于追求那些事物会让我们失去幸福。

一位名人去世了，朋友们都来参加他的追悼会。昔日前呼后拥、香车宝马的名人躺在骨灰盒里，百万家财不再属于他，宽敞的楼房也不再属于他，他所拥有的只有一个骨灰盒大小的空间，山珍海味浇灌的肚子也化成了一把灰烬。

从名人的追悼会上回来，几乎每一个人都会产生看破红尘的念头，那么聪明的一个人，那么会算计的一个人，每一个曾经与他斗的人最终都败

下阵来，可是他斗来斗去也斗不过命。撒手人寰以后，一切都是空。

人们想：趁现在好好活着吧，珍惜自己的生命，珍视自己的生活，就是一种幸福，轰轰烈烈一世，最后还不是一个人孤零零地走路？以前踩着那么多人的肩膀向上爬，得罪了那么多人，值吗？

追悼会是一次洗礼。从死亡的身边经过以后，才知道幸福是怎么回事。

可是，明天还是要忙忙碌碌地奔波，钩心斗角地生活。

一边是死亡的震撼，一边是活着的琐碎，我们很容易被死亡震撼，然而我们更容易被活着的琐碎湮没。不要去在意那些繁杂的纠葛、苦痛、伤害、低迷等，一切的一切仅仅是生活中小小的注脚而已。活着，即意味着追求幸福的资本和契机。活着就是幸福，让我们好好珍惜现在鲜活的生命。

第四章

珍藏心中的七彩阳光

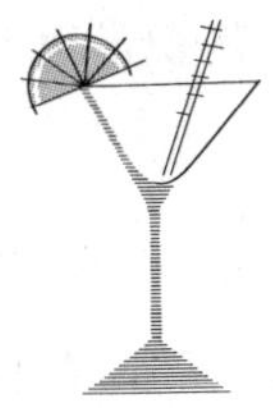

- 微笑着的女人最具吸引力
- 像蒙娜丽莎那样微笑
- 孤独永远是一个人的舞蹈
- 内心有阳光，世界就是光明的
- 透过窗棂，用阳光照亮心灵
- 忧虑，到此为止
- 女人化解压力的沙漏哲学

微笑着的女人最具吸引力

北方有佳人，绝世而独立。

一笑倾人城，再笑倾人国。

宁不知倾城与倾国？

佳人再难得！

——《佳人歌》

这首诗是乐师李延年为他的妹妹所作，短短的一首《佳人歌》轰动京师，令天子闻之而心动，闻之而神往，立即生出一见佳人的跃跃向往。笑，是美人的一抹更加迷人的绚烂。有多少君王，多少男人，能抵挡美人一笑呢？从《诗经》里的“巧笑倩兮，美目盼兮”，到杨贵妃的“回眸一笑百媚生，六宫粉黛无颜色”；从周幽王为博美人褒姒一笑烽火戏诸侯到狐女婴宁憨痴的笑容惹王生神魂颠倒，我们都可以从中看到微笑的魔力。别说是美人的笑了，即使只是一个小女孩的笑，也会引发令人难以置信的奇迹。

在二十年前的美国，曾发生一件轰动性新闻：一个陌生路人将四万美元现款给了加州一个6岁的小女孩。大家都很惊奇，在大人的一再追问下，小女孩终于说出了令大家从没想到的答案：“他好像说了一句话——你天使般的微笑，化解了我多年的苦闷！”原来，这个陌生人是一个富豪，但过得并不快乐。因为平时给人的感觉太过于冷酷，几乎没人敢对他笑。当他遇到小女孩的时候，她那天真无邪的微笑驱散了他长久以来的孤寂，打开了他尘封多年的心扉。

微笑是一种很神奇的力量，发自内心的微笑会让自己感觉到幸福，同时也给了别人温暖。它就像是心里飘出的一朵莲花，美丽，令人一见倾心。微笑是最原生态的吸引，它会让人有被认可、被喜欢的安慰感。

正如一首歌里唱的："桃花尽绽春风里，疑惑全无尽留枝。"年轻的时候总爱笑，并非代表我们的心情一定好。但是到了一定年龄反而会珍惜地回忆起儿时的天真无邪和没有负担的心境，以及那发自内心的欢笑。同时也会因为孩子们的单纯可爱，没有邪念，没有尔虞我诈，没有钩心斗角的笑容而产生想亲近他们的愿望。纯净的微笑，善良的意念，能让人产生一种自然的吸引力，吸引周围的人自然不自然的愿意与我们亲近。天真无邪的微笑能使人回到善意的初衷，那就是所谓的欢笑时才是人脱离人为的价值观、独立开来的宝贵时段，不用为此而惊奇。因为正是在这个惊奇的时段，人的心理才会是不偏不倚。

微笑，有时候真能能让人觉得整个世界都变得温暖起来了。一个不漂亮的女子，她在阳光下的恬淡微笑，那种美丽，那种温暖，是那些浓妆艳抹永远用画皮来示人的美女们无法比拟的。网上有一句很经典的话是这么说的："要记得永远保持微笑，即使是在你难过的时候，因为有人可能会因你的微笑而爱上你。"

有的爱，是从一个微笑开始的，不要怀疑。我们很多人其实都是孤独的天使，独自生活在冰封的世界里，一个温暖的微笑可以让人从北极的冰山之巅走到中国南海那个春暖花开的国度。有时候，微笑比语言更有魔力。我们会因为看到一个男孩温暖的微笑爱上他，他也很可能会因为一个天使般的微笑爱上那个女孩。

卡耐基说，在这个世界上活着，要活得幸福，活得健康，活得快乐，最好的方法就是"笑"。笑，是日常生活的安全阀，它可以减轻或除去有损健康的不良情绪；它让我们怀有与人为善之心，让我们拥有幻想和放松自已，在沉重的压力下得到休息；它也让生命变得生趣盎然……

卡耐基另外还说道："许多女人花了大笔的钞票增强外貌，特别是我们的脸蛋。充满着年轻的承诺的防皱乳霜、染眉毛膏、腮红、眼影等，都是为了让我们的脸耀眼而设计的。然而，有一个重要的事实，那就是脸部的表情跟愉快的外表有关，而不是有没有化妆或是否有皱纹。"

像蒙娜丽莎那样微笑

有位世界名模曾说过这样一句话："女人出门时若忘了化妆，最好的补救方法便是亮出你的微笑。"微笑是女人所有表情中最能给人好感、愉悦心情的表现方式。卡耐基先生也曾提醒我们：一个人的面部表情亲切、温和、充满喜气，远比他穿着一套高档、华丽的衣服更吸引人注意，也更容易受人欢迎。古龙更是有一句妙语——笑得甜的女人，将来命运都不会太坏。确实如此，幸福的女人绝对不会拉长了脸度日，带着甜美微笑的女人，往往生活得都很快乐。

达·芬奇的名画《蒙娜丽莎》中，那神秘而安详的微笑只属于女人，那永恒的微笑迷了世人几个世纪。卡耐基就告诫所有的女人：像蒙娜丽莎那样微笑吧，如果一个女人脸上永远挂着蒙娜丽莎般迷人的笑意，无论她生得多么丑陋，一抹微笑遮掩了她后天的缺陷与不足，她在男人眼里，足以和天使相媲美。

在中国，历来都有"回眸一笑百媚生"的说法。不管你是"艳如桃花"的绝代佳人，还是长相平平的淑女，只要你常面带微笑，就会增加在别人心目中的美好印象，一笑即生万种风情。

一个总是面带微笑的女人，成功的希望也会多一些。因为她的笑容就是她传递善意的信使，她的笑容可以让所有人看到她的诚意，并乐意与她交往。

江丽是皮肤黝黑光滑、身材微胖的年轻女孩，长得并不漂亮。但是，性格直率、开朗大方的她以甜美动人的微笑征服了所有的人，无论是在生活中，还是在网络上，她都拥有很多的朋友。

江丽是一个闲不住的人，她喜欢每天忙忙碌碌地生活。所以，尽管她的生活条件比较优越，她却毅然走出家门开了一间小茶吧。茶吧的生意十分兴隆，因为江丽在面对顾客时不仅热情周到，而且始终不忘亮出她的金字招牌——微笑。

她的微笑为她引来并留住了许多顾客，甚至有一位60多岁的老大妈还会经常光顾江丽的茶吧，她对江丽说："我每天转到你这里，就想来坐坐，因为很喜欢看你笑！"

在网上，也曾有男网友说过："最喜欢看江丽的微笑！"因为江丽每次在聊天室打开视频时，都会情不自禁地微微一笑，那美丽的微笑就像一朵娇羞的水莲花，让人如沐春风。

微笑在社交中是能发挥极大功效的。无论在家里、在办公室，甚至在途中遇见朋友，只要你不吝惜微笑，立刻就会收到意想不到的良好效果。难怪有许多专业推销员，每天清早洗漱时，总要花两三分钟时间，面对镜子训练微笑，甚至将之视为每天的例行工作。

著名主持人吴小莉有着一张与众不同的"笑嘴"，嘴角略微往上翘，她说："我希望我的生活是不断快乐的积累。"我们从她甜蜜的微笑中看到她的快乐积累，她的微笑在向我们传授着她的事业如日中天的秘诀。

微笑的女人是快乐的，也是幸福的。微笑是自信的动力，也是礼貌的象征。人们往往依据你的微笑来获取对你的印象，从而决定对你的态度。如果人人都不吝啬自己的微笑，人与人之间的沟通将变得更为容易。

有些人在第一次见面时，通常会有一种不安的感觉，存有戒心，唯有真挚友善的微笑，可以消除这种心理状态。微笑是友好的象征，是人际关系的润滑剂。一个人脸上时常浮现微笑，会令人感到心中十分温暖。

卡耐基在社交总结中发现，很多人能在社会上站住脚，是从微笑开始的，还有很多人在社会上获得了极好的人缘也是从微笑中获取的，很多人在事业上畅行无阻也是微笑带来的收益。微笑是十分神奇的东西，它能在生活的湖泊中泛起一圈圈涟漪，使生活充满源自于生命深处的美感。

微笑是打开愉快之门的金钥匙。发自内心的微笑是女人美好心灵的外现，也是心地善良、待人友好的表露，是一个人有文化、有风度、有涵养的具体体现。懂得对自己微笑的女人，她的心灵天空将随之明朗；懂得对别人微笑的女人，将会拥有美丽的人生。

孤独永远是一个人的舞蹈

孤独，是一种常见的心理状态。

孤独是既不爱人也不被人爱的一种失重状态，是处于不关心他人也不被他人关心的人生夹壁，摆脱孤独的方法在人而不在物，即以爱人之心冰释不被人爱的人生尴尬。孤独感在人的思想、行为上的体现，有两种情况：一种是因为客观条件的制约，长期脱离人群的“有形”的孤独，比如远离人们生活中心的边疆哨所中的战士、长期坚持在高山气象观测站工作的科技工作者、长期游弋五洲四海的海员等，他们远离亲人朋友，在工作之余没有与更多的人相互交往的机会，没有丰富多彩的精神生活，有时不免感到寂寞和孤独。另一种是身处人群之中，但内心世界与生活格格不入造成了“无形”的孤独。这种孤独对人的伤害十分严重。一个长期被孤独感笼罩的人，精神受到长时间的压抑，不仅会导致心理失去平衡，影响智力和才能的发挥，还会引起人的心理、思想上的一系列变化，使人思想低沉、精神萎靡，失去对事业的进取心和对生活的信心。

大多数有孤独感的人，并不情愿离群索居、孤身独守。他们有的是在坎坷难行的人生路上遭遇了痛苦，因而或嗟叹人生艰难，埋怨命运刻薄，或痛恨世态炎凉，咒骂人心虚伪；有的是感到自己怀才不遇，知音难觅，得不到别人的理解，因而不愿去理解别人，索性独处一隅，洁身自好；也有的是自己看不起自己，不相信自己，在人群中徒见别人风流潇洒、知识渊博，因而自惭形秽，不敢也不愿意与人交往……境遇各有不同，其结果却大致相同：把自己置身于孤独之中，引发无边的伤感。

在加州奥克兰的密尔斯大学，校长林·怀特博士在一次女青年的晚餐聚会上，发表了一篇极为引人注意的演讲，内容有关现代人的孤寂感。“20世纪最流行的疾病是孤独。”他如此说道，“用大卫·里斯曼的话来说，我们都是‘寂寞的一群’。由于人口越来越多，人性已汇集成一片汪洋大海，根本分不清谁是谁了……居住在这样一个‘不拘一格’的世界里，再加上政府和各种企业经营的模式，人们必须经常由一个地方换到另一个地方工作。于是，人们的友谊无法持久，时代就像进入另一个冰河时期一样，使人的内心觉得冰冷不已。”

那些能克服孤寂的人，一定是生活在怀特博士所说的“勇气的氛围”里。我们无论走到哪里，一定要培养出与人们亲密的情谊关系，就好像燃烧的煤油灯一样，火焰虽小，却能给人光亮和温暖。

内心有阳光，世界就是光明的

一样的事情，可以选择不同的态度对待。选择积极的方面，并作出积极努力，就一定会看到前方的风景。

两个小桶一同被吊在井口上。

其中一个对另一个说：“你看起来似乎闷闷不乐，有什么不愉快的事吗？”

另一个回答：“我常在想，这真是一场徒劳，没什么意思。常常是这样，装得满满地上去，又空着下来。”

第一个小桶说：“我倒不觉得如此。我一直这样想：我们空空地下来，装得满满地上去！”

很多事情，站在不同的立场，便有不同的看法，正面的想法产生积极的效果，负面的想法产生消极的效果。乐观的人，在每一个忧患中看到机会；悲观的人，在每一个机会中看到忧患。

普希金说，假如生活欺骗了你，不要忧郁，也不要愤慨。我们的心憧憬着未来，现实总是令人悲哀。一切都是暂时的，转瞬即逝，而那逝去的将变为可爱。

鲁滨孙太太这样描述她的经历：

美国庆祝陆军在北非获胜的那一天，我接到国防部送来的一封电报，我的侄儿——我最爱的一个人在战场上失踪了。过了不久，又来了一封电报，说他已经死了。

我悲伤得无以复加。在那件事发生以前，我一直觉得生命非常美好，我有一份自己喜欢的工作，并努力带大了侄儿。在我看来，他代表着美好的一切。我觉得我以前的努力，现在都有很好的收获……然而收到了这些电报，我的整个世界都粉碎了，我觉得再也没有什么值得我活下去。我开始忽视自己的工作，忽视朋友，我抛开了一切，既冷淡又怨恨。为什么我最疼爱的侄儿会离我而去？为什么一个这么好的孩子，还没有真正开始他的生活，就死在战场上？我没有办法接受这个事实。我悲恸欲绝，决定放弃工作，离开我的家乡，把自己藏在眼泪和悔恨之中。

就在我清理桌子、准备辞职的时候，突然看到一封我已经忘了的信，从我已经死了的侄儿那里寄来的信。是几年前我母亲去世的时候，他给我写来的一封信。“当然我们都会想念她的，”那封信上说，“尤其是你。

不过我知道你会撑过去的，以你个人对人生的看法，就能让你撑过去。我永远也不会忘记那些你教我的美丽的真理：不论活在哪里，不论我们分离得多么远，我永远都会记得你教我要微笑，要像一个男子汉一样承受所发生的一切。”

我把那封信读了一遍又一遍，觉得他似乎就在我身边，正在对我说话。他好像在对我说：“你为什么不照你教给我的办法去做呢？撑下去，不论发生什么事情，把你个人的悲伤藏在微笑底下，继续过下去。”

于是，我重新开始工作，我不再对人冷淡无礼，我一再对自己说：“事情到了这个地步，我没有能力改变它，不过我能够像他所希望的那样继续活下去。”我把所有的思想和精力都在用工作上，我写信给前方的士兵——别人的儿子们。晚上，我参加成人教育班，寻找新的兴趣，结交新的朋友，朋友们都不敢相信发生在我身上的种种变化。我不再为已经永远过去的那些事悲伤，我现在每天的生活都充满了快乐，就像我侄儿要我做到的那样。

鲁滨孙太太讲完这些话，嘴角泛起一丝笑意。

你知道汽车轮胎为什么能在路上跑那么久，忍受那么多颠簸吗？起初，制造轮胎的人想制造一种轮胎，能够抗拒路上的颠簸，结果轮胎不久就被切成了碎条。然后他们又做了一种轮胎，吸收路上新碰到的各种压力，这样的轮胎可以“接受一切”。在曲折的人生路上，如果我们也能够承受所有的挫折和颠簸，化解与消释所有的困难与不幸，我们就能够活得更长久，我们的人生之旅就会更加顺畅、更加开阔。

透过窗棂，用阳光照亮心灵

一位哲人用极其简洁的话道出了人类的大智慧，他说："人生的目的只有两个：第一，得到你想要的；第二，感激和享受你得到的。"然而现实生活中，只有很少的人能够做好第二点。

不同的心态，对所发生事件的评价是如此的不同，它必然会对处理问题的态度发生影响，也会对今后的人生之路产生影响。活着是需要睿智的，如果你不够睿智，那至少可以豁达。以乐观、豁达、体谅的心态看问题，就会看出事物美好的一面；以悲观、狭隘、苛刻的心态去看问题，你会觉得世界一片灰暗。两个被关在同一间牢房里的人，透过铁窗看外面的世界，一个看到的是美丽神秘的星空，一个看到的是地上的垃圾和烂泥，这就是区别。

每天早上醒来时，我们可以问自己：你今天有两种选择，你可以选择心情愉快，也可以选择心情不好。这样，自然的我们会让自己选择心情愉快，试着让自己快快乐乐地活着。当有坏事发生时，我们可以选择成为一个受害者，也可以选择从中学些东西。当有人跑到我面前诉苦或抱怨时，我们可以选择接受他们的抱怨，也可以选择指出事情的正面。人生就是选择的过程，每一种处境面临一个选择，你选择如何面对各种处境，你选择别人的态度如何影响你的情绪，你选择心情舒畅还是糟糕透顶，归根结底，都是你自己选择如何面对人生。

黄彦曾被确诊患上中期乳腺癌，需要尽快做手术。手术前期，她依然过着有规律的生活。她每天早上六点半就醒来，做做关节活动，上午收拾房间，中午照常喝着午茶——那种加奶的红茶，傍晚插插花，睡前认真写日志。所不同的就是，每天下午三点半的时候要接受医院规定的检查。对于来检查的医生，她总是微笑接待，让他们感到轻松无比，尽管检查的时候，她感觉十分不舒服。

直到手术麻醉之前，她仍然对主治医师说："王大夫，别忘了明天要请我吃炸酱面的，你可别赖账啊！"直叫王医生哭笑不得。手术进行得很顺利。两个月后的一天，朋友来探望她，她竟然马上忘记疼痛，要让朋友看她新养的一盆花。等到她出院时，她与医科室一半的人都交上了朋友，还有那些病友。因为人们都被她轻松的坚强所感染和征服。

半年之后，黄彦再提及此事时说："我一直心情很好！现在，想不想看看我的伤疤？愈合的不错，对吧！""当时第一件在我脑海中浮现的事就是我对自己说有两个选择：一是死，二是活。我选择了活，而且是今后快乐的生活。于是，我要坚强地笑一笑，我要让王大夫放松下来，以稳健的心情给我做手术。我相信，我们会配合好，手术也会顺利，尽管成功率只有50%。显然，我很幸运！""我相信，为了好好活下来，我已经尽了全力了。"

黄彦之所以活了下来，一方面要感谢医术高明的医生，另一方面得感谢她的生活态度。生活充满了选择，坚强的黄彦总是积极地选择生活的正面，所以她快乐。

偶然与不幸是生活的组成部分，但它仅仅是生活的一小部分。有的女人在厄运袭来时，就觉得自己是天底下最倒霉的人。其实，事情并不完全是这样。也许你在某件事上是"倒霉"的，但你在其他方面可能依然很幸运。和那些更不幸者相比，你或许还是一个十分幸运的人。

如果我们以欢悦的态度微笑着对待生活，生活就会对我们"笑"，我们就会感受到生活的温暖和愉快。而我们如果总是以一种痛苦的、悲哀的情绪注视生活，那么生活的整个基调在我们心中也就会变得灰暗了。女人，选择微笑，将思想指向阳光处，在平淡无奇甚至困难中找到属于自己的一缕阳光、一片绿叶、一朵鲜花……

忧虑，到此为止

有句法律格言说得好："法律非为琐事而设。"要想求得内心的安宁，切勿为小事烦恼。千万别去担心一些可能根本不会发生的事，保持乐观。当我们在困难发生之前就发愁，在暴风雨袭击前就满心愁苦，老早就在担心如何防止，这表示我们对上帝连最起码的信任都丢掉了。当我们饱受幻想中的危难折磨时，我们其实已远离了可助我们克服恐惧的大爱。

成功学大师卡耐基发现目前的生活方式中，最可怕的一件事就是，医院里大概有一半以上的床位，都是保留给神经或者精神上有问题的人，他们都是被累积起来的昨天和令人担心的明天所加起来的重担所压垮的病人。而那些病人中，大多数只要能奉行耶稣的这句话，"不要为明天忧虑"，或者是威廉·奥斯勒爵士的这句话，"生活在一个完全独立的今天里"，他们就都能马上走在街上，过着快乐而有益的生活了。

卡耐基指出，我们在目前这一刹那，都站在两个永恒交汇之点——已经永远永远的过去，以及延伸到无穷尽的未来——我们都不可能活在这两个永恒之中，甚至连一秒钟也不行。若想那样做的话，我们就会毁了自己的身体和精神。所以，我们应以能活在所能活的这一刻而感到满足吧！

罗勃·史蒂文生写道："不论工作有多苦，每个人都能做他那一天的工作，每个人都能很甜美、很有耐心、很可爱、很纯洁地活到太阳下山，而这就是生命的真谛。"得过诺贝尔医学奖的亚力西斯·柯锐尔博士说："不知道怎样抗拒忧虑的商人，都会短命而死。"其实不止商人，人人皆如此。

精神失常的原因何在？没有人知道全部的答案。可是在大多数情况下，极可能是由恐惧和忧虑造成的。焦虑和烦躁不安的人，多半不能适应现实的世界，因而跟周围的环境断了所有的关系，缩到他自己的梦想世界，借此解决他所有的忧虑问题。

再没有什么会比忧虑使一个女人老得更快，并且摧毁她的容貌。忧虑会使我们的表情难看，会使我们牙关咬紧，会使我们的脸上产生皱纹，会使我们总是愁眉苦脸。

卡耐基说："真希望在很多很多年以前，就学会了把这种'到此为止'的限制，用在我的缺乏耐心、我的坏脾气、我的自我适应的欲望、我的悔恨和所有精神和情感的压力上。为什么我以前没有想到要抓住每一个可能会摧毁我思想不平静的情况呢？"

消除忧虑，有很多种办法，方法之一就是要摆正心态，知足常乐。有一次卡耐基问艾迪·雷根伯克，当他毫无希望地迷失在太平洋里，和他的同伴在救生筏上漂流了21天之久时，他学到的最重要一课是什么。"我从那次经历所学到的最重要一课是，"他说，"如果你有足够的新鲜水可以喝，有足够的食物可以吃，就绝不要再抱怨任何事情。"

"养成看每一件事理想一面的习惯，"约翰生博士说，"比每年赚一千多万英镑更值钱。当然，这些话可不是一个天生乐观的人所说的，说这话的人曾经历过痛苦，乏衣缺食地过了20年——最后终于成为他那一代最有名的作家，也成为历史上最有名的谈话家。"

罗根·皮尔萨尔·史密斯用很简单的几句话，说了一番大道理，他说："生活中应该有两个目标：第一，要得到你所想要得到的；第二，在得到之后要能够享受它。只有最聪明的人才能做到第二步。"

你想不想知道怎样把在厨房水槽洗碗也当做一次难得的经验呢？如果你想的话，可以去看一本谈论令人难以置信的勇气而很富启发性的书，作者是波姬儿·戴尔，书名叫做《我希望能看见》。这本书的作者是一个几乎瞎了50年之久的女人，"我只有一只眼睛，"她写道，"而眼睛上还满是疤痕，只能透过眼睛左边的一个小洞去看。看书的时候必须把书本拿得很贴近我的脸，而且不得不把我那一只眼睛尽量往左边斜过去。"可是她拒绝接受别人的怜悯，不愿意别人认为她"异于常人"。

波姬儿·戴尔52岁的时候，一个奇迹发生了。她在著名的梅育诊所施行一次手术，使她能比以前看得更清楚四十倍。一个全新的、令人兴奋的、可爱的世界展现在她的眼前。她现在发现，即使是在厨房水槽前洗碟子，也让她觉得非常开心。"我开始玩着洗碗盆里的肥皂泡沫，"她写着，"我把手伸进去，抓起一大把小小的肥皂泡沫，我把它们迎着光举起来。在每一个肥皂泡沫里，我都能看到一道小小彩虹闪出来的明亮色彩。"

"没有时间去忧虑"，这是丘吉尔在战事紧张到每天要工作18个小时的时候所说的。当别人问他是不是为那么重的责任而忧虑时，他说："我太忙了，我没有时间去忧虑。"查尔斯·柯特林在发明汽车的自动点火器的时候，也碰到这样的情形。柯特林先生一直是通用公司的副总裁，负责世界知名的通用汽车研究公司。可是，当年他却穷得要用谷仓里堆稻草的地方做实验室；家里每个月的开销，都得靠他太太教钢琴所赚来的1500美元维持。后来，他又去用他的人寿保险抵押借了500美元。有人问他太太，在那段时期她是不是很忧虑？"是的"，她回答说，"我担心得睡不着，可是柯特林先生一点也不担心。他整天埋头工作，没有时间去忧虑了。"伟大的科学家巴斯德曾经谈到"在图书馆和实验室所找到的平静"。平静为什么会在那儿找到呢？因为在图书馆和实验室工作的人，通常都埋头在他们的工作里，不会为他们自己担忧。做研究工作的人很少有精神崩溃的现象，因为他们没有时间来享受这种"奢侈"。

为什么"让自己忙着"这么一件简单的事情，就能够把忧虑赶出去呢？因为有这么一个定理——这是心理学上所发现的最基本的一条定理。这条定理就是：不论这个人多么聪明，人类的思想都不可能在同一时间想一件以上的事情。让我们来做一个实验：假定你现在靠坐在椅子上，闭起双眼，试着在同一个时间去想：自由女神和你明天早上打算做什么事情。你会发现你只能轮流地想其中的一件事情，而不能同时想两件事情。从情感上来说，也是这样。我们不可能既激动、热诚地想去做一些很令人兴奋的事情，又同时因为忧虑而悲伤起来。

萧伯纳说得很对："让人愁苦的秘诀就是，有空闲来想想自己到底快不快乐。"所以不必去想它，在手掌心里吐口唾沫，让自己忙起来，你的血液就会开始循环，你的思想就会开始变得敏锐——让自己一直忙着，这是世界上最便宜的一种药，也是最好的一种药。记住："让自己不停地忙着，忧虑的人一定要让自己沉浸在工作里，否则只有在绝望中挣扎。""今天就欢呼，明天太晚了。"卡耐基这样告诉我们。他还说，愉快的心情有益于身体，也许喜悦有助于对抗压力的侵蚀，也许喜悦的人比那些成天埋怨的人活得更久。

女人化解压力的沙漏哲学

现代生活中，事业和家庭的双重责任让很多女人无法承受。诅咒压力、憎恶压力，在压力中消沉，甚至在压力中崩溃，选择一些极端的解决方式，这样的例子都不胜枚举。

压力到底是一种什么样的东西，可以有如此大的摧毁力。压力来自方方面面，工作的繁重、生活中的各种琐事、情感纠葛、人际紧张都可能造成压力，让你感觉到一种"备战状态"，精神高度紧张，随时等待着灾祸的发生。绝大多数社会人都面临着相似的境况，尤其是金融危机来临之后，大家都在担心自己的饭碗能否保得住、高额的房贷如何偿还、父母子女等待供养……可以说，承受着压力是一个现代人的常态。但问题是，一些人似乎能够承受，而另一些人却被压力击垮。究其原因，外部压力的大小只是很小的一部分原因，更大的原因来自自我。也就是说，是我们自己让自己的心灵背负了沉重的压力。

其实完全没有心理压力的情况是不存在的。如果你的生活失去了压力，那么"空虚"就会找上门来。无所事事，对生活失去兴趣的状态比高压状态更加不利于你的心理和生理健康。其实有很多生活在高压中的人能够笑对压力。

我国知名的心理咨询专家曾奇峰先生说过：心理压力是魔鬼与天使的混合

体。它就像是能带给人心灵的和躯体的双重伤害的魔鬼。而同时，压力又能让我们保持较好的觉醒状态，智力活动处于较高的水平，可以更好地处理生活中的各种事件。

压力是一种常态，但不会与压力相处的人就会打破这种状态，而让自己的精神和身体陷入崩溃的边缘。如何与压力相处，关键是承受者的心态和耐力。所以，与其在压力来临时诅咒它，不如从自身做起，改变心态，增强承受力，更要向沙漏学习怎样把压力一点一滴的释放。

现代人大都背负着沉重的生活压力，时常担心这个，担心那个。面对这么多的压力，你该试一试“沙漏哲学”，既然你所忧虑的事不是一时半刻就能改变的，你就要用另一种心情去面对。

第二次世界大战时期，米诺肩负着沉重的任务，每天花很长的时间在收发室里，努力整理在战争中死伤和失踪者的最新纪录。源源不绝的情报接踵而来，收发室的人员必须分秒必争地处理，一丁点的小错误都可能会造成难以弥补的后果。米诺的心始终悬在半空中，小心翼翼地避免出现任何差错。

在压力和疲劳的袭击之下，米诺患了结肠痉挛症。身体上的病痛使他忧心忡忡，他担心自己从此一蹶不振，又担心自己是否能撑到战争结束，活着回去见他的家人。在身体和心理的双重煎熬下，米诺整个人瘦了34磅。他想自己就要垮了，几乎已经不奢望会有痊愈的一天。身心交相煎熬，米诺终于体力不支而倒地，住进医院。

军医了解了他的状况后，语重心长地对他说：“米诺，你身体上的疾病没什么大不了，真正的问题出在你的心里。我希望你把自己的生命想象成一个沙漏，在沙漏的上半部，有成千上万的沙子。它们在流过中间那条细缝时，都是平均而且缓慢的，除了弄坏它，你跟我没办法让更多沙粒同时通过那条窄缝。人也是一样，每一个人都像是一个沙漏，每天都是一大堆的工作等着去做，但是我们必须一次一件慢慢来，否则我们的精神绝对承受不了。”

医生的忠告给了米诺很大的启发，从那天起，他就一直奉行着这种“沙漏哲学”，即使问题如成千上万的沙子般涌到面前，米诺也能沉着应对，不再杞人忧天。他反复告诫自己：“一次只流过一粒沙子，一次只做一件工作。”没过多久，米诺的身体便恢复正常了，从此，他也学会了如何从容不迫地面对自己的工作了。

人没有一万只手，不能把所有的事情一次解决，那么又何必一次为那么多事情而烦恼呢？不能即时改变的事，你再怎么担心忧虑也只是空想而已，事情并不能马上解决；你应该试着一件一件慢慢来，全心全意把眼前的这件事做好。

人生在世，必然要面临各种各样的压力，当你学会调整自己，让压力一点一滴而来时，按部就班，它就会不断推动着你努力前进。

你也可以试试这些化解压力的办法：

1. 罗列出具体的压力源

你可以仔细思考自己到底有哪些压力，它是来自工作、生活、交际还是其他方面，把让你感到困难的事情仔细写出来。一旦写出来以后，你就会发现了解自己的具体所想能化解掉一半的压力。

然后为这些事情排一个序，哪些是你必须马上要解决的，哪些是可以稍微放缓一下的。从重点开始逐个击破。

2. 自我心理暗示

可以通过积极地自我心理暗示，如告诉自己“这些都不算什么，我可以轻松解决”，或者训练思维“游逛”，如想象着“蓝天白云下，我坐在平坦绿茵的草地上”“我舒适地泡在浴缸里，听着优美的轻音乐”。这些积极的暗示都能在短时间内让你平复心情，获得一些轻松之感。

3. 用大哭来发泄

心理学家认为，大哭能缓解压力。一个对比试验可以证明这个结论：心理学家曾给一些成年人测验血压，然后按正常血压和高血压编成两组，分别询问他们是否偶尔哭泣。结果87%的血压正常的人都说他们偶尔有过哭泣，而那些高血压患者却大多数回答说从不流泪。由此看来，让人类的情感抒发出来要比深深埋在心里有益得多。

4. 为压力寻找合理的解释

这个方法是在你明确压力来自什么方面以后采取的，目的是增强心理承受能力。比如说当你在繁重的工作中与同事产生纠纷，感觉到对方更增添了你的工作压力。这个时候你不妨想一想对方的处境，他最近可能面临着什么困境，所以情绪不稳定，因而在与你的合作中产生了摩擦。这样一想，你就会觉得心里平和多了。

5. 寻求支持

当你觉得自己的心理压力过大，已经快超出承受范围的时候。可以适当地向亲戚、朋友、心理医生求助。倾诉可以缓解你的精神紧张，千万不要一个人硬撑。其实承认自己在一定时期软弱，然后通过外部有益的支持降低紧张、减弱不良的情绪反应是明智之举。

总而言之，压力是客观存在的。你不可能减掉所有的压力，但是把压力放在沙漏里，让它一点一点地囤积，又一点一点地漏下，你的生活就能找到平衡，心情也能归于平静。

第五章

屏蔽情绪负能量

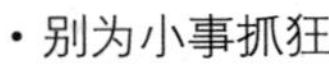

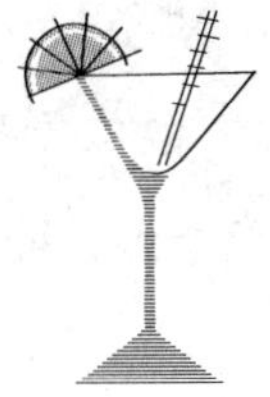

- 别为小事抓狂
- 做一个高情商的女人
- 远离冲动的魔鬼
- 给你的情绪安一个可控闸门
- 情绪，请到家门口为止
- 女人如何高明地对付怒火
- hold 住自我才能 hold 住人生

别为小事抓狂

为小事抓狂，是很多年轻女人都有的情绪，结果往往因小失大。理查德·卡尔森的一条黄金规则是："不要被小事情牵着鼻子走。"他说："要冷静，要理解别人。"

在非洲草原上，有一种不起眼的动物叫吸血蝙蝠，它的身体极小，却是野马的天敌。这种蝙蝠靠吸取动物的血生存。在攻击野马时，它常附在野马腿上，用锋利的牙齿迅速、敏捷地刺入野马腿，然后用尖尖的嘴吸食血液。无论野马怎么狂奔、暴跳，都无法驱逐这种蝙蝠，而蝙蝠从容地吸附在野马身上，直到吸饱才满意而去。野马往往是在暴怒、狂奔、流血中无奈地死去。

动物学家们百思不得其解，小小的吸血蝙蝠怎么会让庞大的野马毙命呢？于是，他们进行了一次实验，观察野马死亡的整个过程。结果发现，吸血蝙蝠所吸的血量是微不足道的，远远不会使野马毙命。动物学家们在分析这一问题时，一致认为野马的死亡是它暴躁的习性和狂奔所致，而不是因为蝙蝠吸血致死。

一个高情商的女人，必定能控制住自己所有的情绪与行为，不会像野马那样为一点小事抓狂。当你在镜子前仔细地审视自己时，你会发现自己既是你的最好朋友，也是你最大的敌人。

上班时堵车堵得厉害，交通指挥灯仍然亮着红灯，而时间很紧，你烦躁地看着手表的秒针。终于亮起了绿灯，可是你前面的车子迟迟不启动，因为开车的人思想不集中，你愤怒地按响了喇叭，那个似乎在打瞌睡的人终于惊醒了，仓促地挂上了一挡，而你却在几秒钟里把自己置于紧张而不愉快的情绪之中。

美国研究应激反应的专家理查德·卡尔森说：“我们的恼怒有80%是自己造成的。”这位加利福尼亚人在讨论会上教人们如何不生气。卡尔森把防止激动的方法归结为这样的话：“请冷静下来！要承认生活是不公正的。任何人都不是完美的，任何事情都不会按计划进行。”应激反应这个词从20世纪50年代起才被医务人员用来说明身体和精神对极端刺激（噪声、时间压力和冲突）的防卫反应。

现在研究人员知道，应激反应是在头脑中产生的。在即使是非常轻微的恼怒情绪中，大脑也会命令分泌出更多的应激激素。这时呼吸道扩张，使大脑、心脏和肌肉系统吸入更多的氧气，血管扩大，心脏加快跳动，血糖水平升高。

埃森医学心理学研究所所长曼弗雷德·舍德洛夫斯基说：“短时间的应激反应是无害的。”他说：“使人受到压力是长时间的应激反应。”他的研究所的调查结果表明：61%的人感到在工作中不能胜任；有30%的人因为觉得不能处理好工作和家庭的关系而有压力；20%的人抱怨同上级关系紧张；16%的人说在路途中精神紧张。

学会倾听别人的意见，这样不仅会使你的生活更加有意思，而且别人也会更喜欢你。每天至少对一个人说，你为什么赏识他，不要试图把一切都弄得滴水不漏。不要顽固地坚持自己的权利，这会花费许多不必要的精力。不要老是纠正别人，常给陌生人一个微笑，不要打断别人的讲话，不要让别人为你的不顺利负责。要接受事情不成功的事实，天不会因此而塌下来。请忘记事事都必须完美的想法，你自己也不是完美的，这样生活会突然变得轻松许多。亲爱的女性朋友，当你抑制不住自己的情绪时，你要学会问自己：一年前抓狂时的事情到现在来看还是那么重要吗？不为小事抓狂，你就可以对许多事情得出正确的看法。

天有不测风云，人有旦夕祸福。女人的一生中总有几多磨难几道坎，你若就此沉沦，悲观到底，那么肯定再无翻身之日。只有在任何困难来临的时候都能够以积极的心态面对这个世界，不消沉、不迷惑、不脆弱、不放弃，你才有柳暗花明赢得成功的那一天。

做一个高情商的女人

你是一个情绪化的人吗？你是不是总是把喜怒哀乐挂在脸上，是不是经常把自己的愤怒和不满随处发泄呢？是不是也会遇到下面故事中芬妮遇到的情况呢？

芬妮是一个脾气暴躁、容易出现情绪波动的女孩，经常因为小事和别人吵架，她的人际关系因此越来越紧张，在公司经常与人发生矛盾，结果男友也难以忍受她的坏脾气，和她分手了。终于有一天，她觉得自己已经处于崩溃边缘。

她打电话向一个朋友詹森求救。詹森向她保证："芬妮，我知道现在对你来说有点糟，可是只要经过适当指引，一切都会好转的。你现在要做的第一件事是让自己安静下来，好好地享受一下宁静的生活。"

听了詹森的话，芬妮开始试着放弃先前忙碌的生活，好好地放松一下自己，给自己休了一个长假。当她稳定了一段时间之后，詹森又建议道："在你发脾气之前，不妨想想，究竟是哪一点触动了你。你可以拥有两种思考，一种是让每件事情都在脑海里剧烈地翻搅，另一种则是顺其自然，让思想自己去决定。"说着，詹森拿出了两个透明的刻度瓶，然后分别装了一半刻度的清水，随后又拿出了两个塑料袋。芬妮打开来，发现里面分别是白色和蓝色的玻璃球。詹森说："当你生气的时候，就把一颗蓝色的玻璃球放到左边的刻度瓶里；当你克制住自己的时候，就把一颗白色的玻璃球放到右边的刻度瓶里。最关键的是，现在，你该学会控制自己的情绪，如果你不试着控制自己的情绪，你会继续把你的生活搞得一团糟。”

此后的一段时间内，芬妮一直照着詹森的建议去做。后来，在詹森的一次造访中，两个人把两个瓶中的玻璃球都捞了出来。他们同时发现，那个放蓝色玻璃球的水变成了蓝色。原来，这些蓝色玻璃球是詹森把水性蓝色涂料染到白色玻璃球上做成的，这些玻璃球放到水中后，蓝色染料溶解到水中，水就成了蓝色。詹森借机对芬妮说：“你看，原来的清水投入‘坏脾气’后，也被污染了。你的言语举止，是会感染别人的，就像玻璃球一样。当心情不好的时候，要控制自己。否则，坏脾气一旦投射到别人身上，就会对别人造成伤害，再也不能回到以前。所以一定要控制好自己的情绪。”

芬妮后来发现，当按照詹森的建议去做时，她真的不再那么混沌了，事情也容易理出头绪。在此之前，她有任何不满、愤怒的情绪，一定要全部发泄出来，许多麻烦就是这样造成的。

此后，芬妮开始有意地控制情绪。当詹森再次造访的时候，两个人又惊喜地发现，那个放白色玻璃球的刻度瓶竟然溢出水来！

看来芬妮对自己的克制成效不小。慢慢地，芬妮已学会把自己当成一个思想的旁观者，来看清自己的意念。一旦有了不好的想法就很快发现，情绪失控的时候就及时制止。这样持续了一年，她逐渐能够控制自己的情绪，生活也步入正轨，并重新得到了一位优秀男士的爱，美好在她的生活中逐渐展现。

如果你也有和芬妮一样的问题，那你就得学着控制自己的情绪了。

不能控制情绪的人，往往给人一种不成熟或还没长大的印象。如果你仔细想想，只有小孩子才会说哭就哭，说笑就笑，说生气就生气，这种行为发生在小孩身上，大人会认为是天真烂漫，但如果发生在一个成年人身上，人们就不免会对这个人的人格产生怀疑了，就算不当你是神经病，至少也会认为你还没长大。谁能放心让一个充满“孩子气”的人来完成重要的任务呢？控制不了情绪，只会让你离成功越来越远。

远离冲动的魔鬼

女人是情感动物。而不是情绪奴隶，那些美女丢出来的可以伤你自尊的话语，就暂且放下，心灵不应被消极情绪所控制，无论是积极情绪还是消极情绪，都要把握好它的“度”。兴奋过度了，会乐极生悲。买彩票中了大奖而欢喜得精神失常就是一例。消极情绪酿成的悲剧更多。能否很好地控制自己的情绪，取决于一个人的气度、涵养、胸怀、毅力。气度恢宏、心胸博大的人都能做到不以物喜，不以己悲。

许多女人老是抱怨说她们的时间不够用，事情总干不完。这种焦虑和受压感对许多人来说已成为生活的一部分。那些为工作或生活疲于奔命的人，并不懂得生活的真正含义。要平衡自己的生活，应尝试换个角度想问题，抽空去想一想或回味一下那些令自己快乐的事情。

你整天为那些琐事而紧张不安、忧心忡忡是无济于事的，这只会让你更加痛苦。事情发生了，你应想个办法来解决这些问题。一个行之有效的方法是把一切都写下来。过一段时间，当你把自己的烦恼都表达出来之后，你会发现自己的头脑清楚了，也能更好地处理这些问题了。

瞿颖是一个单纯可爱的女人，她从来不让情绪左右自己，始终保持开朗乐观的生活态度。她曾经也为很多微不足道的小事而烦恼，甚至委屈气愤。渐渐地，她明白了，如果看重这些东西的话，生活会很不快乐，所以她尽量让自己的注意力不要放在这些无足轻重的事情上，不要看到自己失去什么，而要看到自己得到什么。

有一次，她想要装修新居，就悄悄地找了一个装修队，付了钱后很放心地去外地拍戏去了。她觉得她如果把钱付清了，工程队就会尽心做事。等拍完戏兴冲冲地回到北京，推开房门，瞿颖傻眼了：家里一片狼藉。工程队拿着她的钱，早已消失得无影无踪。

瞿颖起初也很生气，但气恼的坏情绪并没有长时间占据她的头脑，她还是那个心胸开阔的女孩。她想，那些人远离家乡出来打工也不容易，自己不过就是损失点钱，算了吧，就当自己钱包丢了。这么一想，她居然开心起来。她总觉得，世界上还是好人多。如果大家都戴着面具，那生活还有什么意思？宁可上一次当，也不要轻易放弃对人的信任，那才是最可怕的事情。她就这样迅速地甩掉坏情绪，让自己重拾明净的心情。

对于爱情她也能做到如此达观。曾经刻骨铭心的恋情过去之后，虽然有伤痛、有遗憾，但她不会将生命浪费在消极的坏情绪中，对美丽的爱情她仍有憧憬，对美好的未来她始终充满希望。她没有让痛苦影响自己的工作和生活，她的脸上依然是灿烂的笑容。

让我们像瞿颖一样，做情绪的主人，保持乐观的心境。

到野外郊游，到深山大川走走，散散心，极目绿野，回归自然，荡涤一下胸中的烦恼，清理一下混浊的思绪，净化一下心灵尘埃，唤回失去的理智和信心；唱一首歌，一首优美动听的抒情歌，一曲欢快轻松的舞曲或许会唤起你对美好过去的回忆，引发你对灿烂未来的憧憬；读一本书，在书的世界遨游，将忧愁悲伤统统抛诸脑后，让你的心胸更开阔，气量更豁达；看一部精彩的电影，穿一件漂亮的新衣，吃一点最爱的零食……不知不觉间，你的心不再是情绪的垃圾场，你会发现，没有什么比被情绪左右更愚蠢的事了。

你虽然还是那个不完美的你，那些不愉快的事情也仍会再次发生，但你不必再做悲伤、愤怒、嫉妒、怀恨的奴隶。

做情绪的主人，你便是个拥有幸福的女人！

给你的情绪安一个可控闸门

现实生活中，大多数的女人常常会出现这样的情况：本来只是一些鸡毛蒜皮的小事，在别人看来不以为然，而她却犯颜动怒，火冒三丈。为此，经常损害朋友之间、夫妻之间的感情，同时又把一些本来能办好的事情给搞糟，甚至对个人的身心健康、事业成败都造成极坏的影响。

怒气不亚于一座“活火山”，一旦爆发，既会伤害到别人也会伤害到自己。对此，很多女人也懂得其中的要害，但是在实际生活中却难以自控，一遇到不顺心的事就急躁易怒，容易冲动。

如果你也有同样的问题，那你就得学着控制自己的情绪了。

1. 将“怒火”扼杀在摇篮里

任何一种情绪，在刚开始的时候都是容易克制住的。当你开始觉得不愉快、气愤的时候，不妨尝试着延迟开口说话和反驳的时间。“10秒钟之后……20秒钟之后……我再说话”，或者干脆在生气的时候不要说话。

2. 多回头想想

不要一味地想对方怎么让你恼怒，多“回头”想想：他并不是我不共戴天的仇人，他并没有怎么损害我，也许他并不是有意的。

3. 找个“出气筒”

在不伤害他人的前提下把怒气发泄出来，也是一种控制情绪的好办法。比如，你可以在生气的时候逛街、吃零食，以此忘记恼怒的事；你也可以找个空旷的地方，大声喊出你要说的话；你还可以把一腔怨恨写在纸上，或者乱写乱画……

总之，多掌握一些控制和发泄愤怒的手段有利于自己的身心健康，也利于你和周围的人更加融洽地相处。

情绪，请到家门口为止

当今社会快节奏的生活，给人们带来了许多的压力。或许你会因受到上级不公平的待遇而恼火；或许你会因和同事在工作中发生摩擦而烦恼；或许你会因生意场上错失良机而悔恨；或许你有太多太多的事情令你情绪低落……

在这时，你多么希望能有一个空间来梳理自己的思绪，释放自己的怨气。这个地方，你可以选择在空旷的原野、喧闹的KTV、幽雅的咖啡馆、平静的湖边……但你无论如何不要选择在家。

家，是温馨的港湾，是幸福的归宿，是祥和的空间。

家，温馨如春日的西湖，明丽如夏日的晴空，宁静如秋日的深山，纯洁如冬日的雪野。

去一个朋友家做客，出了电梯，赫然望见门上挂了一方木牌，上面写着两行字："进门前，请脱去烦恼；回家时，带快乐回来。"

当时，久久凝视，细细玩味，不禁对这家主人萌生无限敬佩。短短的两句话，蕴含的却是深奥的家庭哲理。

进屋后，见男女主人一团和气，两个孩子大方有礼。一种看不见却感觉得到的温馨、和谐，满满地充盈着整个屋内。

自然问及那方木牌，女主人笑着望向男主人："你说。"男主人则温柔地瞅着女主人："还是你说，因为，这是你的创意。"女主人甜蜜地笑道：“应该说是我们共同的理念才对。”

经过一番推让，女主人轻缓地说：“其实也没什么大学问，一开始只是提醒我自己，身为女主人，有责任把这个家经营得更好……而真正的起因，是有一回在电梯镜子里看到一张疲惫、灰暗的脸，一双紧拧的眉毛，下垂的嘴角，烦愁的眼睛……把我自己吓了一大跳，于是我想，当孩子、丈夫面对这样一张面孔时，会有什么感觉？假如我面对的也是这样的面孔，又会有什么反应？接着我想到孩子在餐桌上的沉默、丈夫的冷淡，这些原先认定是他们不对的事实背后，是不是隐藏了另一种我不了解的原因？而这个真正的原因，竟是我！当时我吓出一身冷汗，为自己的疏忽而后悔，当晚我便和丈夫长谈，第二天就写了一方木牌钉在门上，结果，被提醒的不只是我而是一家人……”

好有智慧、好可爱的女人。

“家”是一个硬件设施，“人”才是组成并发挥功用的软件。每个人都带一些快乐与欢笑回家，家里自然充满笑声；相反，每个人都带烦恼与不快回来，定是愁云惨雾。

把烦恼带回家，其实是给朗朗晴空密布了一层乌云，是给温暖的港湾注入了寒流，是婉转优雅的旋律中一个不和谐的音符。

妻子守望长夜的孤灯，用笑脸迎接丈夫的归来，她需要一份体贴和安静。丈夫理所应当把烦恼留在门外，回报妻子一个明媚如春的笑靥。

父母望穿秋水，翘首盼望儿女的归来，他们需要心灵的抚慰。儿女在进家门的刹那，要放下所有的烦恼和忧愁，义不容辞地听听父母的唠叨。

孩子，倚门期盼父母的归来，他们需要深沉如山的父爱，温柔似水的母爱。父母在进家门时，要给孩子一座靠山，给他们撑起一片蓝蓝的天空，让他们无忧无虑，健康成长。

把笑脸给别人，是对别人的尊重，是高尚的一种体现。记得胡适在《我的母亲》一文中写道：“我渐渐明白，世间最可厌恶的事莫如一张生气的脸，世间最下流的事莫如把生气的脸摆给别人看，这比打骂更难受。”

因烦恼而生气的脸，尽管你不是有意要摆给别人看，但它无形之中会伤害无辜。所以，把烦恼抛在脑后，给别人一张笑脸，无论是家人，还是朋友或者陌生人。微笑能融释千年的冰雪，微笑能掩盖彻骨的伤痛，微笑能带来和煦的春风。

别把烦恼带回家。让家永远幸福，永远温馨，永远祥和。

当然，我们并不是说“报喜不报忧”，互相分享，互相分担，也是家的功用之一。但分担是通过沟通才能达成的，而不是成天绷着脸，将心中怨气毫无道理地扔给别人，或是老觉得别人对不起自己。

女人如何高明地对付怒火

自己该怎样发火，别人冲你发火你该怎么办，这对很多人来说非常难于把握。因为她们认为发火就算不是禁忌，至少也是不合适的。对付怒火冲天的人对女性来说尤其困难，因为从小受的教育就是：淑女是不该失去风度的。

因此，女性通常只能以一种婉转巧妙的方式去消解她们的怨气，而不能直接地爆发出来。她们可以通过与别人闲谈去避免冲突，也可以想象一些精心策划的报复计划，可以咬牙切齿，可以用酒精麻醉自己，还可以把自己埋在一大堆工作中以忘却心中的不快。一位担任大型国家机构行政总监的妇女说：“我会在纸上写下我的怨言，但我不会给任何人看，它只是我排遣挫折感的一种方式，或者我会关上门，独自尖叫，只是为了释放。”“我会躲在汽车里大哭一场，因为那是我能拥有的唯一的私人空间。”这是很多年轻女孩的解决办法。

然而，假如她们能够以一种积极的心态来重新审视她们的愤怒，回溯引起她们愤怒的起因，那么她们可以把它作为一种有力的工具，而不是焦虑的来源。愤怒可以告诉女人自己以及她们周围的人女性固有的界限，以及她们直接感受到的事情是否可以容忍，可以在超出她们的界限时发出信号。最重要的是，能够激起她们最疯狂的怒气的事物往往也是她们最恐惧的事物。愤怒仿佛是她们内心的一个警报系统，当这个系统敏感时，会给她们带来一些有意义的回应和报偿。

所以，如果想跟其他人保持一种明朗的交往关系，以自信的态度表达自己的怒火不是不可以的。但这并不意味着必须保持活泼的、善解人意的表象，还有甜甜的笑容。要想维持原有的关系，重要的是沟通和解决让自己生气的问题，而不是听任怒火积聚，一发不可收拾。你可以让对方清楚地了解你的感觉、你的要求，而不是去压倒、污蔑或是侮辱对方，不把细小的分歧演变成不可调和的矛盾。

当然，有些时候，我们怒火冲天，情绪激动，我们满脑子想的都是爆发，减轻自己的紧张，跟那个惹自己生气的人中断来往。在这种情况下，我们会不计后果地责备他。

女性学习将怒气表现出来，是感觉个人力量的第一步。

温迪·明克是圣克鲁兹加州大学的教授、美国国会女众议员佩特思·温迪的女儿，在《交谈开始》这本书里，她回忆了自己的少年经历，讲述了她是如何将最初的愤怒转化成一种建设性的行为的：起初我们住在弗吉尼亚的阿灵顿，我在那儿上公立学校……白人孩子都叫我“中国佬”，叫我坐在公共汽车的后面，还取笑我……有一次，在上高中时，我陪朋友参加一个双方未谋面的两对男女的约会。当那个男孩出现时，他大发脾气，说：“我从不和他妈的菲律宾人交往。”其他人把我看成外国人，当我学习说英语时，或者如果我在夏威夷一直穿一件绿色裙子时，他们会问我，一些人认为我是日本人，另一些人会认为我是中国人。在越南人越来越多时，又有人说我是“gook”（对韩国人、日本人、菲律宾人、越南人等黄种人的蔑称）。

“我对这些偏见表示抗议，我会回答他们。但问题是你的生活是否是主流文化的一部分，你通过学习，用一种创造性的方式疏导你的怒气，比如发表政见或者参与艺术活动，或者压抑，或者爆发出来。我选择了政治这条道路，加入了争取民权和反战的行列。这样不仅可以表达我的感情，而且可以参加公共的政治教育活动。

从温迪·明克的经历中，理性的女性了解到如何释放和指导自己，超越愤怒和恐惧，让自己成长。

超越愤怒，首先要对它有更多的认知，这样女性才能够一步步坚定自信且具有建设性地来处理这种情绪。女性朋友们对愤怒究竟有何感想？大多数的人都觉得愤怒相当棘手，因为她们一向将其视为一种激烈的情绪。尤其在西方社会，人们并不是非常乐于接受个人的情绪表达，因此往往会因自己喜、怒、哀、乐的表达，而感到愧疚与不安。表达愤怒特别会让人有这种感觉，因为它似乎令人难以驾驭。有的人甚至连自己在生气都会加以否认，因为这样做，似乎比为了不知如何面对自己的愤怒而伤透脑筋还要容易处理。

我们来听听伟大的德国哲学家叔本华的理论，他认为生命就是一种毫无价值而又痛苦的冒险，当他走过的时候，好像全身都散发着痛苦，可是在他绝望的深处，叔本华叫道：“如果可能的话，不应该对任何人有怨恨的心理。”圣人说：“怀着爱心吃菜，也会比怀着怨恨吃牛肉好得多。”别让愤怒的情绪坏了你的胃口。

hold 住自我才能 hold 住人生

美国心理学家对全世界三百多位各行业的成功人士进行研究，发现他们驾驭自己情绪的能力要远远高于普通人。意大利著名企业家安东尼·迪比奥坦言："我的天赋其实很一般，从小到大，我身边的许多人都比我聪明。和他们相比，我唯一的优势就是冷静，我很少为那些情绪化的事情浪费时间。我的意思是说，多愁善感对于一个天赋不高的人来说未免太奢侈了。"

安东尼·迪比奥所说的"冷静"，就是指用理智和意志来控制情绪活动，对正面情绪加以维持和利用，对负面情绪进行消解和转化。

大学毕业后，李琳应聘到一家公司做助理。刚开始，她很不习惯，特别是老张、小李动不动就唤她去打杂，她就会发无名火，觉得很没尊严。她觉得他们在把自己当奴才使唤。不过，事后冷静一想，又觉得他们并没有错，她的工作就是这些。刚来时，王经理也这么对她说过，但一旦涉及具体事情，她的情绪就有点儿失控。有时咬牙切齿地干完某事，又要笑容可掬地向有关人员汇报说："已经做好了！"如此违心的两面派角色，她自己都感到恶心。有几次，她还与同事争吵起来。从此以后，她的日子更不好过了，同事们都不理她，李琳在公司感到空前的孤独。

有一天，秘书小吴不在，王经理便点名叫李琳到他办公室去整理一下办公桌并为他煮一杯咖啡。李琳硬着头皮去了。王经理是很厉害的，他一眼就看出了李琳的不满，便一针见血地指出："你觉得委屈是不是？你有才华，这点儿我信，但你必须从这个做起。"他叫李琳先坐下来，聊聊近况。可李琳身旁没有椅子，她不知道该坐在哪里，总不能与王经理并排在双人沙发上坐下吧！这时，王经理如有所指地说："心怀不满的人，永远找不到一个舒适的椅子。"难得见到他如此亲切和慈祥的面孔，李琳放松了很多。手脚忙乱地煮好一杯咖啡后，李琳开始整理王经理的桌子。其中有一盆黄沙，细细的、柔柔的，泛着一种阳光般的色泽。李琳觉得奇怪，不知道这是做什么用的。王经理似乎看出她的心思，伸手抓了一把沙，握拳，黄沙从指缝间滑落，很美！王经理神秘地一笑："小李啊，你以为只有你心情不好，有脾气，其实，我跟你一样，但我已学会控制情绪……"

原来，那一盆沙子是用来"消气"的，那是王经理的一位研究心理学的朋友送的，一旦他想发火时，可以抓抓沙子，它会舒缓一个人紧张激动的情绪。朋友的这盆礼物，已伴随他从青年走向中年，也教他从一个鲁莽少年的打工仔，成长为一名稳重、老练、理性的管理者。王经理说："先学会管理自己的情绪，才会管理好其他。"的确，一个人连自己的情绪都管理不好，还能管理好什么呢？又何谈做成事呢？

聪明女人要懂得给情绪一个自制的阀门，这样自然会做到挥洒自如，赢得卓越的人生。一个高情商的女人不仅在工作上易于成功，在生活中也会如沐春风，爱情上春风得意。她们做领导能带领团队向更大的辉煌迈进；即使是个职场新人，也能获得良好的人际关系，为自己的晋升创造良好的条件。睿智的女人，hold住你的情绪才能更好地hold住你的人生。

第六章

让优雅如花绽放

- 优雅是一种恒久的时尚
- 真正的优雅来自内心
- 内涵赋予女人美丽之魂
- 赢得属于你的尊重和爱
- 会浪漫的女人美到老
- 追求有品位的生活
- 优雅的女人不抱怨
- 培养女人优雅的声音
- 美好声音的训练方法

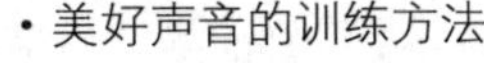

优雅是一种恒久的时尚

优雅是什么？优雅是一种和谐，类似于美丽，只不过美丽是上天的恩赐，而优雅是艺术的产物。优雅也并非高高在上的，它体现在我们日常生活的每一个细节中。优雅可能是繁忙的电脑边上的一杯玫瑰花茶，可能是旅途中略带倦意的一次回望，也可能是疾走中掠过唇边的一缕发丝，还可能是运动场上挥拍跃起的一次猛力抽杀……

有这样一个关于优雅的小故事。

> 冬季的一天，两个年轻漂亮的女孩在车站等公交车，旁边站着一个胖胖的中年女人，她很胖，穿得鼓鼓囊囊，两条胳膊还支棱着。两个女孩窃窃私语，指着胖女人嬉笑不止。这时，车来了，女人转过身来，原来她的"鼓"是因为怀里抱着一个熟睡的婴儿，她用两只手臂呵护着孩子，让孩子舒舒服服地睡着。她礼貌地对两个女孩微笑一下，侧过身让她们先上车，然后自己才艰难地挪动身子，小心地登上踏板……与那两个漂亮的女孩相比，这胖女人显得是那样地优雅。

《红楼梦》第四十一回"栊翠庵茶品梅花雪　怡红院劫遇母蝗虫"一节中，有一段妙玉与宝、黛、钗三人品茶、论茶的描写，极其细致地勾勒出了妙玉的精致。喝茶，从茶具到茶叶再到泡茶的水都颇有讲究：茶具不是古董就是绿玉，甚至根雕都成了一个别致的茶盏；茶叶是老君眉；泡茶的水，不是旧年蠲的雨水就是五年前梅花上的雪水。这份精致可不是金钱能够换来的，金钱能换来的精致在清高的妙玉眼里都是俗物。就连黛玉这样的雅人，也因为想不到煮茶的水会是五年前的梅花雪而被妙玉讽刺为“大俗人”。品茶，只能一杯在手细细地啜，不能多吃，否则就变成了牛饮……

有这样一个命运坎坷的女人，幼年家境富裕，很小就接受了优雅的生活方式。“文革”中她家被当做反动派打倒了，所有财产都被剥夺，她也被强制劳动，用一双“资产阶级小姐”的手去洗厕所、倒粪桶，但她竟然还保持了喝下午茶的习惯！没有电烤炉，她用唯一的铝锅蒸蛋糕；没有吐司炉，她在蜂窝煤炉上架起铁丝来烤面包……泰然自若、宠辱不惊，坚守着她的生活方式。直到九十岁高龄，她仍端正地微笑着文雅地喝红茶，雪白的卷发散发着香气，让她的孙女感叹“她真迷人”。

优雅的女人就是这样动人，是这般无惧风吹雨打，永远自信从容地面对命运的摆布。

优雅的女人似水，可以水滴石穿，用智慧获得爱与尊严。外在的美随风易逝，肤浅而耐不住寻味，而优雅的女人用丰富的内心世界和对生活的智慧，让自己永远风姿绰约。

优雅的女人像竹，亭亭玉立，高贵脱俗，即使是身着一席布衣，你也会从简单质朴的外表下捕捉到这种不凡的感觉。优雅的女人有着充实的内涵和丰富的文化底蕴，达到了魅力的最高境界。

生活中，的确是有这样的一种女人：她们并无沉鱼落雁之容，也无闭月羞花之貌，尤其是韶华已逝，青春不在。但是，她们一举手一投足所流露出来的那种优雅的气质，是令人深深感动的。那种经过岁月的洗礼、沉淀，丝丝缕缕散发出来的高贵典雅，犹如微风中摇曳的兰花，又如同幽谷里静静绽放的百合，令人感动之余，不由得心生敬意。

我们尽可以说优雅无处不在，因为优雅在每个人眼中是不同的美丽。一个女人，在暖暖的午后领着自己的孩子散步，这是母爱所赋予的优雅；与心爱的男人一起甜蜜地旅行，这是爱情所赋予的优雅；在暮色初临的黄昏搀扶着年迈的父母欣赏夕阳，这是亲情所赋予的优雅。

《流星花园》中，高雅大方的藤堂静被人公认是优雅女性的代表；但弹着钢琴，嘲笑道明寺妈妈嫌贫爱富的杉菜又何尝不是优雅的？

一个优雅的女人，除了善良的本性，对时尚的领悟、匀称的身材、得体的服饰搭配和淡雅清新的妆容，都是必备的。她懂得如何表现自己，成熟、优秀、文雅、娴静，各种气质与品位都可以在举手投足间得到最好的体现。她可以没有惊艳的容貌，但可以有清新淡雅的妆容；可以没有模特的形体，却可以有匀称的身材；甚至可以没有优越家境的熏陶，却可以与世无争、不争名逐利、闲适恬淡。她有一定的鉴赏生活的能力，从穿衣、饮食到起居都有独到的眼光，懂得品味生活，懂得把平淡如水的生活调剂得富于生趣。不管何时何地，懂得以宽容的心去包容，去获得独到的快乐源泉。她更是自立、自强的……只有成就这些，才能成就优雅。不管作为个体还是群体，她的潜力都是不可估量的，她的独立自主将会产生一种巨大的爆破力，她将和男性站在同样的竞争平台上。她的优雅，是一种知识的积淀，不管是直接还是间接的，都是一种必需的积累；优雅不是一种形式上的东西，它需要在生活中学习，需要以丰富的人生经历来成就。

优雅是女人追求的至高境界，谁也无法抗拒岁月的印痕，青春和美貌不会永驻，优雅却会成为无与伦比的恒久魅力。优雅有着终生学习的特性，它是台阶式的，学一点，修一点，修一点也就提升一点，优雅是够一个女人学一生、坚持一生的，它也会让你受益一生。

真正的优雅来自内心

一个女人可以长得不漂亮，但一定要做到优雅。岁月可以侵蚀掉花容月貌，但却不会使一个人真正的优雅有丝毫的减损。因为优雅一旦植根在人的身上，就会与他的灵魂相契相和，如玉石般蕴藏着永恒的美感，那感觉日益醇厚。正因为真正的优雅，可以驱散面容的缺陷，抵制岁月的侵蚀，几乎结合着所有的内在美。所以女孩走向优雅，一定要充实内心世界，注重心灵锤炼，让美好的气质在自己的身上、自己的心中生根发芽。

宋庆龄是中国近代伟大的革命者之一，也是国际上公认的“20世纪最伟大的女性”之一。她出身名门，毕生致力于民族和世界人民的事业，为人民解放、民族团结、国家统一、国际友好、世界和平、妇女进步与儿童福利事业的发展作出了巨大的贡献。然而，接触过她的人都知道，具有伟人而崇高风范的她，也是一位极其优雅的魅力女性，而这都源自她青年时代的自我充实和自我培养。

宋庆龄从小就是一个温文尔雅的孩子。一次，妹妹美龄与几个顽皮的男孩争吵起来，双方竟用石头对打，正在这时，小庆龄走过来，站在她们中间，说：“都不许扔了，这是野蛮行为。”

宋庆龄少年时是个美丽而腼腆的小姑娘。她年仅15岁，就远渡重洋到美国读书。在美国学习期间，她除了学好学校规定的课程外，还经常到图书馆借相当多的历史、文学、传记等书籍来看。这时，她的智慧修养的形成，不仅源于良好的家风家教和先进的学校环境，更源于她酷爱读书的生活品位。

宋庆龄升入大学后，更加勤奋好学。她学的专业是文学，但同时对历史、哲学也表现出浓厚的兴趣，孜孜不倦地阅读大量历史、哲学方面的书籍，博闻强识，寻奥探奇。在知识海洋的畅游中，她进一步成长为一个与众不同的女孩。

经过了青年时代的不断学习和修炼，进步思想和崇高的人生观在她的头脑中已经深深扎下了根。她秀丽端庄、温雅娴静、雍容大方、沉着稳重、睿智坚强，言谈举止中无不流露出一种优雅的气质。也正是青年时代的这种自我培养，奠定了她日后做人的气质和风格，使她能在后来的人生抉择中坚持原则、不受利诱、不计利害，形成了最高境界的人格魅力。

真正的优雅是来自内心，只有拥有优雅的内心才会有优雅的仪态。真正的优雅无法伪饰，它来自你所受的教育、你的自身修养以及你的美好天性的培植与发展，是人的个性的完整体现和融合，每个人所能培养出的优雅气质，只能属于她自己。

内涵赋予女人美丽之魂

上天赐予女人美丽的容貌，妖娆的体态，但决定女人是善良、平和、公道、浪漫、温柔，还是丑恶、自私、毒辣、无知的应该是文化思想和内涵品质。女人可以不美丽，但不能没有内涵，唯有内涵能赋予美丽以灵魂，唯有内涵能使你的美丽长驻，唯有内涵能使你的美丽得到质的升华。倘若一位女子度量狭隘，谈吐庸俗，纵使其有闭月羞花之貌，也只会顿时失色。与之相反的是，一个拥有无穷内在魅力的女人，善良、温柔、优雅、大方……纵使外表平凡如常人，却总会令人刮目相看。这个女人也会因之变得可爱，变得生动。在他人的眼中，有内涵的女人美得更脱俗、更恒久。

《简·爱》为我们塑造了一个拥有丰富内涵的知性女子，她的自尊和对光明、圣洁、美好的追求，打动了成千上万的读者。

简·爱生存在一个父母双亡、寄人篱下的环境中，从小就承受着与同龄人不一样的待遇，姨妈的嫌弃，表姐的蔑视，表哥的侮辱和毒打……这是对一个孩子的尊严的无情践踏，但也许正是因为这一切，换回了简·爱无限的信心和坚强不屈的精神，一种不可战胜的内在人格力量。

在罗切斯特的面前，她从不因为自己是一个地位低贱的家庭教师而感到自卑，反而认为他们是平等的，不应该因为她是仆人，而不能受到别人的尊重。也正因为她的正直、高尚、纯洁，心灵没有受到世俗社会的污染，使得罗切斯特为之震撼，并把她看做一个可以和自己在精神上平等交谈的人，并且深深地爱上了她。他的真心，让她感动，她接受了他。而当他们结婚的那一天，简·爱知道了罗切斯特已有妻子时，她觉得自己必须要离开，她这样讲："我要遵从上帝颁发世人认可的法律，我要坚守住我在清醒时而不是像现在这样疯狂时所接受的原则。""我要牢牢守住这个立场。"这是简·爱告诉罗切斯特她必须离开的理由，但是从内心讲，更深一层的东西是简·爱意识到自己受到了欺骗，她的自尊心受到了戏弄，因为她深爱着罗切斯特，试问哪个女人能够承受得住被自己最信任、最亲密的人所欺骗呢？简·爱承受住了，而且还作出了一个非常理性的决定。在这样一种非常强大的爱情力量的包围之下，在美好、富裕的生活的诱惑之下，她依然要坚持自己作为个人的尊严，这是简·爱最具有精神魅力的地方。

简·爱的形象影响了一代又一代人，她那纤纤弱弱的身躯里竟然蕴藏着如此巨大的能量，内心如此高贵，内涵如此丰富，表现出生命力和强大的人格魅力，时光流转，魅力永不减退。

内涵是女人魅力之本。有内涵的女人就像一杯清香的茉莉花茶，意味深远，令人回味无穷。那么，女人又该如何才能提高你的内涵呢？

一般而言，中国传统的琴、棋、书、画是充实内涵的最好方式。因为这四者中无论哪一种，本身就蕴含有极其深厚的文化底蕴，这对学习者心灵的滋养是大有好处的。另外，也可以运动、读书，等等。只要培养起一门业余爱好，无论是跳芭蕾，还是唱卡拉OK，或是其他的什么，凡是那些有益身心的事，都可能在潜移默化中对你的内涵养成产生影响。

赢得属于你的尊重和爱

优雅是盛开在女人身上的花朵，芳香四溢；优雅是一种味道，由内而外散发着迷人的芳香。优雅是女人恒久的风范，任岁月剥蚀红颜的娇媚，却带不走举手投足间无与伦比的气韵与成熟。也许你不够秀美，也许你不够娇媚，但你可以修炼自己的优雅，唯有举止优雅的女人才能拥有无与伦比的恒久魅力。

优雅，向来是个令众多女人顶礼膜拜的词汇，它是很多已经优雅的女人傲视群雄的资本，也是很多优雅未遂的女人奋斗的最高境界。从某种程度上讲，优雅总是克制的，它不会无所顾忌，任性而为。我们不妨用拆字法对“优雅”这个词进行细致的分析，所谓的“优”指的是一个人内在的品质、涵养、气度、心态所具有的完美状态，而“雅”则是你内心所处的完美状态的外化，是你那优雅的举止、文雅的谈吐和高雅的形象。因此，优雅实际上是内在和外在完美结合的产物，是一种令人赏心悦目的气质，要找回我们生活中的优雅，就必须从内、外两方面同时着手。

真正的优雅是来自内心的“神韵”之美，是充实的内心世界、质朴的心灵付诸于外的真挚表现，是自信的完美个性的体现。而所有的这些都来自你所受的教育、你的自身修养以及你对美好天性的培植与发展。

戴西，一位集优雅、美貌、智慧、高尚、纯洁、坚强于一身的奇女子。出身名门的她在“文革”岁月中历经苦难，在屈辱中活了下来，但她并没有成为一个因心碎而刻毒的老人。

当有外国人问起她的那些劳改岁月时，她能优雅地直起背和脖子说：“那些劳动，有利于我保持身材的苗条。”而她在86岁的时候，与3个年轻女子一起出去吃饭，只在一起走了几分钟，那3个女子就感到像是3个男子陪一个迷人的美女去餐馆，而不是3个女子陪一个老太太。

从戴西身上，女人们看到的不仅仅是优雅，还看到了一颗像花朵一样芬芳的心灵。她的优雅来源于她所接受的良好教育，来源于她高尚的人格。她的优雅成为她魅力的组成部分。然而，身为一个优雅的女人，你不仅仅需要拥有一颗优雅的心，还要通过仪态，由内而外地将优雅释放。优雅的仪态往往只是一个眼神、一句话语、一个动作、一个微笑，却让你显得优雅倍增。优雅的女人待人接物总是那么有分寸，举止也是那么得体，既不失礼节，又见不得势利。据考古学家考证，埃及艳后克里欧佩特拉并没有如传说中的拥有绝色美貌，而是一副平常的面貌，却凭借其优雅的气质俘获了当时两个伟大的男性——恺撒和安东尼，完全依靠自身的魅力达到了权力的顶峰。在她还是一个小姑娘的时候，她的优雅就使得恺撒和庞培的儿子先后拜倒在她的石榴裙下。

戴尔·卡耐基曾这样告诫女人：“你的粗俗将会毁了你的幸福。我要告诉你的是，只有举止优雅的女人，才会赢得男人的尊重和爱。”优雅，表现了女人有修养，有内涵，她们在一举手、一投足之间，都会使人觉得恰到好处，很有分寸。

会浪漫的女人美到老

"你是我心里深刻的烙印，你是我眼中唯一的身影，你是我梦里重复的故事，你是我耳边辗转的叮咛，你是我梦魂深处永远不停的思念，啊，你是我今生今世永远不悔的痴心。"歌手姜育恒的一首《你是我心里的烙印》感动了无数女人的心。这首向恋人表白痴心的情歌，换一个角度来看，也是女人对浪漫的热烈追逐的绝佳诠释。

浪漫，是上帝给女人心上留下的最深刻的烙印。无论时光如何荏苒，岁月如何变迁，女人这颗追逐浪漫的心却一如既往，热情丝毫不减。而将这颗浪漫之心深刻地烙印在你心仪的那个他的心上，更是一件无比浪漫的美事。

女人有很多种，漂亮的不漂亮的，聪明的不聪明的，温柔似水的泼辣强悍的，善解人意的不明事理的，千娇百媚的刻板呆滞不解风情的，林林总总，不一而足。在这其中，最吸引众人眼球，在众人心底烙下深刻印记的那一个女人，一定是浑身上下散发着浓烈的浪漫气息的女人。

在生活中，我们的身边总是有这样一些女孩，她们长相平凡，也没有过人的才华，但是她们温婉文雅，她们健康乐观，所以很多人喜欢她们，赞美她们，这就是来自她们内在的吸引力。这就是浪漫的魅力，它让灰姑娘即使没有嫁给王子，也不会过上暗淡无光的日子，有浪漫相伴，她的生活绝不会与幸福绝缘。

浪漫的真谛在于女人内在所散发的一种气质，而非一些外在的物质手段。女人，如果你认为浪漫就是恋人在情人节时送你玫瑰和价值不菲的巧克力，在你生日的时候和你吃顿浪漫的烛光晚餐，那你的浪漫意识就太肤浅了。浪漫没有大小之分，它寻求的就是一种美妙的感觉。浪漫充斥在我们的日常生活之中，它的表现方式形形色色。其实，浪漫的真谛在于人们在平凡的生活中去追寻浪漫，哪怕你只是给恋人一个温柔的眼神，和他一次简单的牵手，对他一声轻松随意的赞美，都可以视为一种浪漫。

是的，浪漫很简单，正如刘若英所感受到的："年少的时候，觉得浪漫是一个男人，一手拿着枪，一手拿着玫瑰，表示愿意为了牺牲一切。现在，我觉得浪漫就是两个人静静地待在房间里，不用说一句话。"

对于绝大多数女人而言，她们做着一个又一个浪漫的梦，却又不懂得在现实中如何去实现。其实每个女人都是一株花苗，你只有善于培植和发掘自己的特质，并找到适合自己成长的土壤，那么即使你不是开放在水中娇艳的水仙，也可以做一株山谷中的幽兰，尽情享受属于你自己的浪漫"春天"。

身为女人的你要学会在浪漫的海洋中徜徉，了解你内心对浪漫的渴望，学习名女人的浪漫生活，审视你自身的浪漫源泉，一步步从心态上、从外形上、从气质上、从言辞上升华你的浪漫IQ，才能抓住你心仪的那个他，共同迈进幸福的爱情国度。

追求有品位的生活

你若渴望成为一个有品位的人，就应当热爱生活，追求有品位的生活，做一个优雅与别致的女人。品位的培养其实并不复杂，每一个注重细节的女人，都有机会成为品位女人。一瓶花、一杯茶、一首歌……都可以在无形中烘托出一个品位女人。所以，女人无须对自己要求太多，只要你至少有一样很在行，就可以升华你的品位，提升你在别人眼中的形象。

晓月是一家知名房产集团的副总裁，同时，她也是一个拥有绝佳品位的女人，这不仅体现在她的穿着打扮和言谈举止上。

几年前，她偶然间来到一处城市之外的桃源：到处都是高大的树木，月光下，风吹着树叶沙沙作响，宛如一片城市中的森林。晓月在一瞬间找到了感觉。

这个美妙的地方有着她一直以来追求的东西。尽管她大学学的是“电气自动化”专业，却对艺术和文化情有独钟；然后这种爱好转移到建筑上，她便爱上了建筑的美学元素，包括对自然和环境和谐的要求。

因此，当她第一眼看到那个绿树葱茏的妙处时，内心更多涌动的是一种渴望创造的冲动和激情。

她根据自己的品位，结合自己所学的建筑知识，将这片桃源建造成一个低密度、高品质、50%原生态绿化覆盖率的大型艺术生态居住小区。

在小区中保留了原来的森林样貌，成了名副其实的森林都市。同时造房挖出的土，也被她像宝贝一样保存起来，而且还专门安排了两个人每天浇水。土里有很多珍贵的树种和草籽，要让新建小区充满自然的野趣，就必须保护好它。在破旧的篮球场南侧，小山一样的土堆已经长满了不知名的野花和狗尾巴草。

这就是晓月的品位。她没有跟风去做什么“欧式风”“小镇系列”等楼市概念，而是融合自己对建筑的独特理解，营建了自己的独特风格。

从晓月的故事中，我们可以得到，女人的品位其实是与她的博学程度相联系的。所以，女人不要做一个除了基本生活技能外什么都不知道的人，多懂一些知识，就会多一些品位，让自己成为一个成功的女人。

仔细想一想，我们可以有多项选择，例如插花、茶道、音乐、厨艺等可以学的东西，只需一样，就可以让平凡的女人产生不平凡的亮点。

插花：把大自然的绿色和鲜花带回家，自己动手布置，可以调剂生活、陶冶情操。在安静的房间里，看着摊开一桌的香艳花草，赏心悦目，为平凡的都市生活增加典雅的意味。

音乐：在假日悠闲的午后，沏一壶绿茶，闭上眼睛，走入音乐的世界。想象自己正漫步在斜阳下的山坡上，沐浴着清香的微风；或是静坐在斜阳西照的花园里，回想往事……经典音乐，使女人如醍醐灌顶，一切烦躁都变得云淡风轻。

茶道：好茶一壶，能让女人的心更加宁静，散发柔美内涵和女人独有的味道。在纯净之余，还会领悟到其他东西。闲暇之余，泡一壶好茶，约两三知己，一盏香茗，促膝清谈，只谈风月，无关名利，享受这滚滚红尘里片刻的柔软时光。

厨艺：系上漂亮围裙，绾起缕缕长发，走进清淡雅致的厨房，切丝削片，快炒慢炖之间打点出曼妙美味，或是煲一锅好汤，与心爱的人一起分享，又何尝不是女人的另一种韵味呢？为了爱，倾尽手艺，烧一桌好菜，更能使女人赢得爱人的心。

这些方式除了提升女人的品位之外，还让女人自身感受到一种幸福与满足。

优雅的女人不抱怨

生活中很多女人喜欢抱怨，她们抱怨朋友、抱怨同事……仿佛只要与她们有接触的人或事她们都无一例外地抱怨。其实这些抱怨不仅伤了她们自身，还会伤害他人。所以，我们要抛开抱怨，化解不满。这样，我们才会明白，原来生活还是这样美好。

“抱怨”和“不满”是女人最流行的一种情绪，也是最容易被善于找借口的女人利用的。几乎在每一个公司里，都有“牢骚族”或“抱怨族”，她们每天轮流把“枪口”指向公司里的任何一个角落，埋怨这个、批评那个，而且，从上到下，很少有人能幸免。她们的眼中处处都能看到毛病，因而处处都能看到或听到她们的批评、发怒或生气。

“烦死了，烦死了！”一大早就听王娟不停地抱怨，一位同事皱皱眉头，不高兴地嘀咕着：“本来心情好好的，被你一吵也烦了。”王娟现在是公司的行政助理，事务繁杂，是有些烦，可谁叫她是公司的管家呢，事无巨细，不找她找谁？

其实，王娟性格开朗，工作起来认真负责，虽说牢骚满腹，该做的事情，一点也不曾拖延。设备维护，办公用品购买，交通信费，买机票，订客房……王娟整天忙得晕头转向，恨不得长出8只手来。刚交完电话费，财务部的小李来领胶水，王娟不高兴地说：“昨天不是来过了吗？怎么就你事情多，不是领这个，就是领那个！”抽屉开得噼里啪啦，翻出一个胶棒，往桌子上一扔，说：“以后东西一起领！”小李有些尴尬，又不好说什么，只得赔笑脸。

大家正笑着，销售部的王娜风风火火地冲进来，原来复印机卡纸了。王娟脸上立刻晴转多云，不耐烦地挥挥手：“知道了。烦死了！和你说一百遍了，先填保修单。”单子一甩，“填一下，我去看看。”王娟边往外走边嘟囔：“综合部的人干什么去了，什么事情都找我！”对桌的小张气坏了：“这叫什么话啊？我招你惹你了？”

态度虽然不好，可整个公司的正常运转真是离不开王娟。虽然有时候被她抢白得下不来台，也没有人说什么。怎么说呢？她不是应该做的都尽心尽力做好了吗？可是，那些“讨厌”“烦死了”“不是说过了吗”……实在是让人不舒服。

年末的时候公司选举先进工作者，领导们认为先进非王娟莫属，可一看投票结果，50多份选票，王娟只得12张。有人私下说：“王娟是不错，就是嘴巴太厉害了。”王娟很委屈：我累死累活的，却没有人体谅……

喜欢抱怨的人不见得不优秀，但常常不受欢迎。抱怨不仅伤了自身，也会影响其他人的情绪，让不明真相的人心理产生波动，也会破坏工作场所的氛围。抱怨就像用烟头烫破一个气球一样，让别人和自己泄气。谁都不愿靠近牢骚满腹的人，怕自己也受到传染。抱怨除了让你丧失勇气和朋友，于事无补。

如果你还有时间进行抱怨，那么你就有时间把工作做得更好；如果你已觉得抱怨无济于事，你就应该去寻找克服困难、改变环境的办法；如果你认为抱怨是一种坏习惯，你就应该化抱怨为抱负，变怨气为志气。

娜娜是个公司职员，她已经35岁了，过着平静、舒适的中产阶层的家庭生活。但是，最近她突然连遭四重厄运的打击。丈夫在一次事故中丧生，留下两个小孩。没过多久，一个女儿被烤面包的油脂烫伤了脸，医生告诉她孩子脸上的伤疤终生难消，她为此伤透了心。她在一家小商店找了份工作，可没过多久，这家商店就关门倒闭了。丈夫给她留下一份小额保险，但是她耽误了最后一次保费的续交期，因此保险公司拒绝支付保费。

碰到一连串的不幸事件后，娜娜近于绝望。她左思右想，为了自救，她决定再做一次努力，尽力拿到保险补偿。在此之前，她一直与保险公司的下级员工打交道。当她想面见经理时，一位多管闲事的接待员告诉她经理出去了。她站在办公室门口无所适从，就在这时，接待员离开了办公桌，机遇来了。她毫不犹豫地走进里面的办公室，结果，看见经理独自一人在那里。经理很有礼貌地问候了她。她受到了鼓励，沉着镇静地讲述了索赔时碰到的难题。经理派人取来她的档案，经过再三思索，决定应当以德为先，给予赔偿，虽然从法律上讲，公司没有承担赔偿的义务。工作人员按照经理的决定为她办了赔偿手续。之后，经理欣赏她的干练，又给她安排了很好的工作，并且爱上了她。

厄运不会长久持续下去。所以当遭遇不幸，与其以消极抱怨的心态待之，不如以积极的心态去化解。要相信，终有一天会雨过天晴，而且大雨过后天更蓝。

世界是美丽的，世界也是有缺陷的。人生是美丽的，人生也是有缺陷的。因为美丽，才值得我们活一回，因为有缺陷，才需要我们弥补，需要我们有所作为。

一位伟人曾说："有所作为是生活中的最高境界。而抱怨则是无所作为，是逃避责任，是放弃义务，是自甘沉沦。"不论我们遭遇到的是什么境况，光是喋喋不休地抱怨不已，都注定于事无补，只会把事情弄得更糟，而这绝不是我们的初衷。

没有任何抱怨，不仅是一种平和的心态，更是一种非凡的气度。没有人欣赏好抱怨的女人，就是因为这不是有出息的行为，真有志气、有出息的女人从来不会抱怨。恐怕没有女人愿意做一个没有志气、没有出息的女人吧？那么，就把所有应该的抱怨和不应该的抱怨都一起抛弃，开动脑筋，甩开臂膀，信心十足地大干一番吧，美好的前程在等着你呢！

培养女人优雅的声音

优雅的声音，是释放女人高雅脱俗的内在精神气质和修养，使女人的魅力得以完全放射，是一种能量，一种吸引力。优雅的声音，像磁场感应，达到"不见其人，只闻其声"就产生好感的效果。那么，如何培养女人优雅的声音、高雅的谈吐呢？以下建议可以借鉴：

1. 温婉柔美

古人说：有理不在声高。温柔的声音，娓娓动听，如高山流水的音乐，美妙绝伦；如林中清脆的鸟声，悦耳动听；如飘溢流香的酒，沁人心脾。温柔的声音是世界上最美丽动听的音乐，令人陶醉。

2. 文雅得体

女人文雅的谈吐，是女人聪明、有教养、有才智的体现。一个美丽的女人，讲出满口粗俗的话，一定令人失望；一个既不美丽又满口脏话的女人，到哪里都会令人反感。优雅得体的言谈要注意说话的语速、语气、语调，说话的内容要注意场合，切忌在公众场合高谈阔论，手舞足蹈。女人讲话可以适当地使用肢体语言，但是过多的动作就会适得其反。

3. 温情感性

有感情的声音如一缕阳光，感动男人们的情怀；饱含温情的声音，如一缕春风，温暖男人们的胸怀。发挥女人与生俱来柔情似水的天性，去制造声音抑扬顿挫、欲言又止的磁场，在磁场里，女人的感性将成为一个被关注的焦点，产生强大的磁力。

4. 伶俐敏捷

女人说话一般不宜咄咄逼人，不与他人口枪舌战，但是并不意味着女人就应该忍气吞声，没有反驳与辩解的权利。女人发挥才思敏捷的本事，说话有条不紊，有胆量、有胆识地应答如流，到哪里都受欢迎。

5. 幽默风趣

无论是男人还是女人，富有幽默感的语言都能使他/她备受欢迎。男人的幽默感可以夸张诙谐，女人的幽默感则是俏皮风趣，如跳跃的音符，俏皮活泼。做一个风趣的女人远远比做一个木讷、古板的女人来得开心。

6. 谦虚礼让

女人言谈举止落落大方，讲话文明，能耐心倾听他人讲话，不随意打断，不随便接话。所谓“满招损，谦受益”，能干又谦虚的女人体现出她有良好的修养，有修养的女人才能得到更多人的尊重。

7. 娇语滴滴

女人不宜太强悍，假如遇到难办的事情，发挥女人柔弱的一面，偶尔要耍孩子脾气，适度的撒娇，降低女人的本事，请有英雄气概的男人帮助，既能给英雄展现风采的机会，又能使你的困难得到解决，多好呀！适当的时机，适度撒娇，犹如菜中的调味剂，令菜更加可口美味。

8. **高雅情趣**

高雅是一种艺术，女人的声音不一定好听，但一定要艺术，有些女人沙哑的声音也能制造出磁场来。谈吐是女人风度、气质和优雅的表现。女人的谈吐除了讲话的内容外，讲话的姿态、表情、语速、声调等都体现一种艺术。优雅的女人知道该说的话说，不该说的话不说。说话像泼妇骂街、唠唠叨叨、道人闲话、说三道四、粗俗不堪的女人只会令人厌倦。

美好声音的训练方法

说了这么多声音的重要性，现在教大家一个简单的训练方法，让你的声音语调更好。

Step1：为了使你口齿伶俐，最好每天练习三次绕口令。

每一段绕口令都得重复三次。在开始之初，与其说得快，不如求发音的正确。然后逐渐加快速度，这样一来，你的发音将会日渐清晰，同时亦将日臻完美。

绕口令之例：

三月三，小三去登山；上山又下山，下山又上山；登了三次山，跑了三里三；出了一身汗，湿了三件衫；小三山上大声喊，离天只有三尺三。

Step2：用录音机录下你所说的话，然后用自己的耳朵去听，仔细感觉自己说话的速度、音量、发音的部位，找出不足之处，加以改进。

Step3：如果你对自己的口音不满意的话，可以考虑买来一本儿童读物，照着上面的拼音，阅读练习。

以上练习时间以一个月为期限，一个月后必能获得满意的效果。

除了嗓音的好坏，女人说话时的用词造句同样也会影响自己的语言表达。女人在说话时若能运用恰当的词汇，并将自己声音的魅力显现出来，一定能够吸引人继续聆听。优雅的用词造句要点包括：

1. 千万不要说粗话

说粗话的情况并非仅存于中低劳动阶层，有许多学识深、地位高的“高级人士”在自己遇到稍微不顺心的事时，也会用一句粗话来发泄自己郁闷的情绪。其实发泄的手段和方式有很多，说粗话只是下下策。身为女人，一定要远离这类话语。一句粗话会让一个穿着端庄、容貌秀丽的女士形象顷刻之间大打折扣，让人忘记了她所有美好的东西而只记住这句粗话。

2. 语言简练

谈话中要避免冗长无味或意思重复的言语，如：“你明白我的意思吗？”“你说好不好？”“你知道吗？”这样的言语会让对方觉得自己的智商和理解能力受到了怀疑。

3. 语句完整，语速适中

说完整的词句，不要吞吞吐吐或欲言又止，如此会让人觉得不明快。不要采用流行语、口头禅来作为开场白，如：“哇噻！”可能有些女性也从身边的孩子身上学到青少年所惯用的流行语，以为说了这些话就代表跟得上潮流，实则不然。说着一口年轻人的流行语，既幼稚且又有失身份，完全背离了初衷。这可不是气质优雅的女人想要给人的印象。

4. 不要使用鼻音词汇

有的人喜欢用“嗯”“哦”等简单的鼻音词汇来表达自己的意见，同意或者否定。殊不知，这样的发音给人的印象是极其不好的，一则表现出自己的懒惰，二则表现了对发言者的不尊重，令其有不受重视的感觉。因此，一定要力戒这类发音从你的交谈话语中出现。

5. 注意优化口头禅

就像每个人都有他的习惯动作一样，几乎每个人都有自己的口头禅。它在不知不觉中，已构成所谓个人形象的一部分，甚至是重要的一部分。语言的风格是个人文化素养的体现，挂在嘴边的口头禅所属的语言风格，会让人很自然地把你与这种气质联系到一起：“谢谢”“对不起”等文明、有教养的词汇让人感觉到你的举止文雅、高素质。夹杂着“说实话”“坦率地讲”等短语的说话者很容易取得别人的信任。总是把“无聊”“没劲”挂在嘴边的也会让别人感觉到他的颓废、疲惫和无追求。而开口便是“他××”“神经病”等口头禅的人，就更不用说了，自然让人觉得粗鲁无教养，进而想远离她。

女人优雅的声音就像一种美妙的音乐，令人神往。女人假如只注重化妆打扮，而不懂得修饰优雅的声音，那只能使她虚有其表。

第七章

长得漂亮是优势，活得漂亮是本事

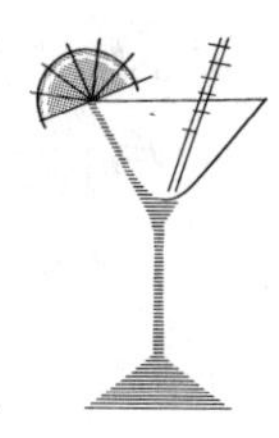

· 做个“三不女人”
· 做人群中最耐看的风景
· 矜持是智慧积淀的风度
· 长得漂亮是优势，活得漂亮是本事
· 温柔的女人是上帝派来的天使
· 细节修饰出好身材
· 先做适者，再做强者

做个“三不女人”

在男人眼里，一个女人令他长久着迷的往往不是这个女人有着惊人的美貌，也不是她柔情似水的温顺性格，更不是她卓绝不凡的才气，而是一种特殊的味道，一种不一样的气质，一种齿颊留香的品位，这才让男人念念不忘。正如曾子航在《男人是野生动物，女人是筑巢动物》一书中总结的一样，这种吸引男人的女人就是“三不女人”：深藏不露、飘忽不定、捉摸不透。

正是这样的“三不女人”，最让男人勾魂摄魄，也最让男人魂牵梦萦乃至牵肠挂肚，让男人领略到雾里看花、云中望月的美感。一个每根肋骨都让男人摸清楚的情人，可以提供给他们安全感，但不会让他们产生朦胧的美感。对于“三不女人”的巨大魅力，曾子航在他的《男人是野生动物，女人是筑巢动物》一书中更是有着独到的阐述。

男人普遍承认：“你总是想要你得不到的东西。”一个女人如果擅长和男人玩猫捉老鼠的游戏，若即若离，忽远忽近，从来不会让他感到自己已完全被他驯服，男人就总想着把你彻底搞定，不达目的绝不轻饶你。就像我们看见一个神秘的山洞，就总想进去探索一样，女人的“深不可测”，同样能激发男人的好奇之心。也因为他没有找到完全占有你的感觉，他就永远不会停止对你的追求。而对于一个过于温顺的女子，不费吹灰之力就拜倒在他的“雄威”之下，他虽然会为此得意不已，但不久就会乏味厌倦，开始心猿意马地想要寻找下一个猎物。

影星苏菲·马索在电影屏幕上就表现了一个“三不女人”的特质。对于影星苏菲·马索，有人曾这样评价：苏菲·马索的眼神可以让全世界的男人迷失方向。在不了解苏菲·马索的人看来，这话有点夸张，但对于了解苏菲·马索的影迷来说，这就是对苏菲·马索所拥有的迷人气质的最佳诠释。有一阵子，中国艺术界的男人们都不约而同地迷上了法国女星苏菲·马索，这其中不乏著名作家王朔、知名导演张艺谋等人。他们的审美在一定程度上就代表了中国大部分男人的审美情趣。他们迷上苏菲·马索，就是因为苏菲·马索身上有一种神秘的气质，脸上的表情又总是显得那么无辜那么迷茫，既像一座神秘莫测的卢浮宫，又像一株无语凝噎的寂寞梧桐，让男人产生了一种雾里看花的朦胧之美。有时候，男人就是个好奇心十足的孩子，总想揭开罩在女人身上那层神秘的面纱，一探究竟。

不仅仅是中国男人喜欢追逐“三不女人”，在西方国家，男人同样对“三不女人”迷恋不已。正如20世纪法国女性主义的先驱波伏娃在她所著的《第二性》一书说过的：“西方男人理想中的女人，是这样一种女人：她受他支配时是自由的，她不人云亦云，但她也屈从他的论点；她机智地进行反抗，却以认错而告终。他的自尊心越强，他想冒的险就越危险：征服彭忒西勒亚（希腊神话中间玛宗人女王）要比娶顺从的灰姑娘更为壮观。”甚至连19世纪德国哲学家尼采也发出这样的感叹：“勇士热爱危险和运动。这就是他爱女人——一切运动中最危险的运动的原因。”

这种危险的运动让女人犹如水中涟漪一般优美；虚假用迷人的映像使她格外生色；风骚乃至堕落为她带来了浓郁的芳香。她欺欺骗骗并躲躲闪闪，她令人难以捉摸并两面三刀——正因为如此，她才极大地迎合了男人的矛盾欲望。

有人说得好，女人要让男人心甘情愿地把最好的东西献给她，就是要给他一段扑朔迷离的爱情。在得到与得不到之间，男人才会把最好的东西奉献出来。

总之，“诱惑”男人，就不要被他完全掌控，这样无异于自贬身价，让他小觑了你。女人要明白，当一个男人想把你迷得神魂颠倒的时候，如果你足够镇定、沉稳，有自持力，形势就会发生逆转。这种情况下，即使一个随心所欲的男人也会变成一个情痴。他开始幻想，这样一个魅力四射的女人，要是有天成为他的“金丝雀”，那会是怎样的一种人间美事啊——你在他心目中的分量，完全取决于你自己。

做人群中最耐看的风景

英国作家毛姆曾经说过："世界上没有丑女人，只有一些不懂得如何使自己看起来美丽的女人。"现代女性早已经学会在繁忙和悠闲中积极地生活，懂得如何读书学习，也懂得开发自身的潜能，从而使自己的女性魅力光芒四射。下面是一位女性朋友的心得：硬件不足软件补（沙浜，女，35岁）。

"作为一个女人，只有漂亮的脸蛋是远远不够的，她必须学习，不断地在精神上有所进取。当然，并不是因为我丑才说出这番话的。因为相貌一般或容貌比较困难的女性，非常明白自身的缺陷，所以就特别懂得去发掘自己的个性美，更注重内在气质的培养和修炼。

"我曾在一家国有企业任职，我们办公室有两女三男，另一个女孩的确长得很漂亮，她也因此占尽了便宜。但要论能力、论业务，她样样不如我。可一遇到长工资、晋升职称、疗养的机会，却样样都是她的。

"面对这些不公平，我没有说什么，只是暗暗地读书学习，报名参加了英语班、计算机班和舞蹈训练，给自己'配置'和'升级'了许多优秀的软件，因为我很清楚自己的硬件不足，只有靠软件来补了。

"两年后，我辞职来到一家合资企业。在那里，我从一名职员开始做起，一直做到总经理助理。在一次谈判结束后，对方的老总邀请我共进午餐。后来，他成了我的先生，他说那天我在谈判中沉着冷静、不卑不亢的态度和优雅的举止、不凡的谈吐，深深地吸引了他。当时，他觉得我是最美的女人。

“现在，我已经做了自己的老板，有了一个可爱的孩子，先生说我在家庭中是贤妻良母，在事业上是优秀的管理者。”

看来，有情趣、有智慧的女人是最美的。女性的智慧之美胜过容颜，因为心智不衰，它超越青春，因而智慧永驻。“石韫玉而山晖，水怀珠而川媚。”西晋人陆机这样评说智慧之美。谚语云：“智慧是穿不破的衣裳。”衣裳，自然是与风度美息息相关的。所以，现代女性中注重培养自身风度之美者，在不断改善自身的意识结构和情感结构的同时，无不特别注重改善自身的智力结构，积极接受艺术熏陶，使自己的风度攫获浓重的智慧之光。

其实，这样一种女人最具魅力：她们聪明慧黠，人情练达，超越了一般女孩子的天真稚嫩，也迥异于女强人的咄咄逼人。她们在不经意间流露着柔和知性的魅力的同时，也对人群保持一份若即若离的距离和冷漠。

很多男人在言语行文中流露出一种对知性女人心驰神往却又可望而不可即的无奈与惆怅，在他们眼中，这一类女人人间难求，绝对不是俗物。事实上，“知性女人”同时是食人间烟火的俗人，她同样离不了油盐酱醋茶，同样要相夫教子。因为只有大俗方能大雅，只有这样才是完美女人。

知性女人的优雅举止令人赏心悦目，她们待人接物落落大方；她们时尚、得体、懂得尊重别人，同时也爱惜自己。知性女人的女性魅力和她的处事能力一样令人刮目相看。

在许多男性眼里，灵性是女性的智慧，是包含着理性的感性。它是和肉体相融合的精神，是荡漾在有意识与无意识间的直觉。灵性的女人有那种单纯的深刻，令人感受到无穷无尽的韵味与极致魅力。

矜持是智慧积淀的风度

旧时若评价一个女人矜持，不是个性保守拘束就是稍稍有些高傲的意思，但还算折中。而今天，一个被人认为矜持的女人，就有了一些保守、故作姿态、端着架子的讽意在里面，但其实矜持是一种久违的故里风情，蕴含了时光积淀的智慧和风度。

现代的女性要的是活力四射，释放美丽，八面玲珑，谈笑风生，应酬自如，以一种主动出击的姿态傲然于世，这似乎已经成为当下“新女性宝典”必备。即使是喜欢那种如戴望舒《雨巷》中撑着一把油纸伞的丁香一般的古典女子，也不过是羡其芳步轻移、颦娥微皱的娇柔罢了，那些只知跟着时尚走的现代女子骨子里可能还是更倾向于飞扬一些的，有鲜花、有掌声、有赞美、有聚光，随时准备在“舞台”上“秀”一把。

《现代汉语词典》中矜持的意思是：慎重，拘谨。而在《古汉语常用字典》里的解释如下——矜持：竭力表示庄重。字面上看稍稍有些不同，但细究起来二者异曲同工，矜持是为了表示庄重，拿捏分寸当然要慎重谨慎，由不得随性而来。矜，说文解字的话，原本就有一层骄傲的意思。

矜持，初次相逢，给人的感觉是拘谨，不潇洒自如，相处久了，就会发现其内里却蕴含着一份自持，是一种含蓄和内敛的风度。前几年《花样年华》在银幕上灿烂绽放，掀起了不小的影视热潮。时尚中人都为张曼玉和梁朝伟的戏中男女那份若即若离的情感所迷醉，那种缠绵却迟疑、燃烧而冷静的情感度数让人叹为观止，由此缥缈的那种兼有“禅房花木深”的优雅和“所谓伊人，在水一方”的含蓄，还有“天阶月色凉如水”的温婉，时尚男女为此醺醺然而倾倒。蓦然回首，发现原来传统中的矜持更具女人魅力呀！

如果换成奉行及时行乐主义的、开放速食的现代男女，也许早就抛弃犹豫，天雷勾动地火，尽情挥洒激情了吧。不过，如果真是那样，那么所有眼神里的缠绵也可能很快消失，那种略带遗憾的哀伤也就不必了。时尚女性渴望拥有一款《花样年华》式的旗袍，其实她们忘记了真正撑起了旗袍的曼妙幽雅的不是张曼玉窈窕婀娜的身姿，而是苏丽珍（张曼玉饰）的矜持内敛。这样的情感在传统旗袍的烘衬下交映生辉，才达到了传神的效果。

所以，当下的旗袍时尚不过是一种盗版式的花样年华，剧中那种风韵，那份感动是无法单独靠"克隆"包装来达到的。时尚女性穿起旗袍，只能给人一种错位的感觉，看起来不伦不类。仿佛是火辣辣的现实生活中的一份"冷香丸"，至于真的吃起来，那大概就像"哈根达斯"了。现代女性，"不相信眼泪"，是一种坚强的美丽；积极争取，是勇敢的美丽；挥洒魅力，是生动的美丽，而婉约的矜持就成了千古绝唱！

"满地黄花堆积，憔悴损，如今有谁堪摘？守着窗儿，独自怎生得黑？梧桐更兼细雨，到黄昏，点点滴滴。"那种"凄凄惨惨凄凄"的意境流芳百世。如果易安居士生活于当今，估计也该被众姐妹斥为异类打入冷宫了吧，《声声慢》中的"寻寻觅觅"的迂和执更为时尚女性所不齿。然而，雁声归鸿更让人体味一碧残云，喧哗里的静寂更让人心空清澄。繁弦笙歌固然鲜艳夺目，大得"眼球经济"这真味，但一种矜持的休止和停顿大有朱自清《荷塘月色》之态，在清冷如水的月光下一池圣洁的荷花悄悄地散发着幽香，熨帖我们被揉皱的性情。

矜持，是一种被人们扔在故纸堆里的风情，不温不火，娇羞中带着一丝冷然。智慧的女人，懂得如何在岁月历练中修炼一身不卑不亢的矜持，而又不故作矜持，这才是魅力的体现。

长得漂亮是优势，活得漂亮是本事

在相貌问题上，女人永远不会自我满足。其实，大可不必太操心。能当影后的未必都是美人胚子，能抓住优秀男人的也未必都是美人，不是美人也一样可以当总监。

拥有漂亮的脸蛋有时候也是一种累赘，女演员太漂亮，戏演得再好，人家也说你是花瓶，永远与实力派奖项无缘；女白领太漂亮，加薪晋升，人家说你潜规则，背后的勤奋只有自己知道。

所以，有人说“长得漂亮不如活得漂亮”，这也是一本书的书名，它的作者是摩梭女人杨二车娜姆。

一提到杨二车娜姆，人们都会对她啧啧称奇：“她太有个性了！”“她真不简单！”的确，这个不平凡的摩梭女人的身上，鲜明地体现了“活力、社交、自由、出走、追求”等动感十足的词汇。总之，她从来不在意别人的看法，她是个敢闯敢拼，特立独行的女人。

杨二车娜姆说：“在常人眼里我长得不算漂亮，但自认活得漂亮；我的这张嘴虽然不够性感，但吃过世上的山珍海味，也吃过人间最多的辛苦；我的这双眼睛虽然不算漂亮，但让我看过了人间各种美景和各种辛酸艰苦！”

杨二车娜姆14岁那年，一支采风队“采”中了她和另外三个女孩，到县里参加歌唱比赛，她这才看到那条可以通向远方的公路，她知道，顺着那儿，她可以走到北京去。北京从来都是摩梭人心中向往的天堂。那一次外出让她明白了，就是唱歌也可以唱到外面去。于是，她从县里唱到了自治州。那如山上百灵鸟一样的歌声和摩梭姑娘天不怕地不怕的性格，让14岁的她打起包袱，里面装着几件衣服、7个鸡蛋和一盒火柴，一个人逢山过山、遇水蹚水地翻过几座海拔2000米以上的高山，走进了城市。

1984年，当杨二车娜姆得知上海音乐学院招生的消息时，便毫不犹豫地再次从泸沽湖畔的“女儿国”走了出去，顺利地来到了中国最繁华的大上海。她花了两年时间才学会普通话，大学期间她在上海交了很多汉族朋友。但为了能到北京去圆那个“摩梭人的才旦卓玛”的梦，她历尽艰辛，在北京和上海往返奔走不下30次，终于调进北京中央民族歌舞团。在中央民族歌舞团担任歌手之后，杨二车娜姆开始辗转于美国东西海岸和世界各地。由于她有着甜美的嗓音，她的歌声响彻世界，被赞叹为“中国的夜莺”。

1996年冬，杨二车娜姆回到北京。她住在三里屯附近外交公寓的一位意大利女朋友家里。杨二车娜姆在那里邂逅了她的挪威王子石丹梧。

生活中的杨二车娜姆随意自然。她会找件牛仔和T恤套在身上，买上很重的东西就那样拎着回去，一点不顾形象。她性格直爽，会和装修房子的工人大吵一顿，随后又若无其事给人家买水果，很体贴很乖巧，没把谁当外人。杨二车娜姆会去花市，捡几朵花瓣回家放进大盆子，纯粹只为不花钱地美一美。工作中的杨二车娜姆高效干练，经常要出门公关。比如，一个文化公司要请她做“策划母亲”活动的代言人，她就选了一套黑色公主服，戴着不知是哪个年度的奖项奖品——一条白金项链，端庄干净，一头长发素面朝天地去了。然而，社交宴会上的杨二车娜姆可就是另外一个样子了。晚上一个露天的外交宴会上，她换上了华丽的印度长裙，用东方文化武装自己，大大方方、不卑不亢地表现出她最光亮的地方，轻松地成为晚会上风头最劲的女子。

杨二车娜姆的婚姻在“七年之痒”的时候结束了，离婚后的她并没有灰心丧气，自怨自艾，而是以更加饱满的热情投入到新生活的建设之中。2007年，随着湖南卫士“快乐男生”节目的走红，杨二车娜姆——一个戴花的女人，以新的姿态走进了千家万户。

“活出漂亮的自己”——正是这种想法让杨二车娜姆勇敢地、张扬地释放着自己的生命热力。虽然她的“自恋”“张狂”也惹来了很多人的非议，但流言蜚语并未令她妥协，她率真坦然地回应着人们褒贬不一的各类眼光，依旧真实率性地过着自己想要的生活。她在这个世界上漂亮地生活着，从一个山区的孩子，到一个挪威王子的公主，再到今天戴着鲜花谈笑风生的女人——谁能说她的这种生活不是她应该过的最好方式呢？

我们每个人的长相是自己无法选择的，但是生活完全在自己的手心，长得不漂亮没关系，但如果活得也不漂亮，可就是你自己的责任了。你如果长得很漂亮，你要加油，可不要变成一个花瓶，没有灵魂和内涵，即使漂亮也是无趣；你如果长得不漂亮，你也要加油，一个漂亮的人生可比一副漂亮的容颜要重要多了。

温柔的女人是上帝派来的天使

所谓女人味，是指那种含蓄、优雅、贤淑、柔静的女人的味道，也是一种令男性不可抗拒的力量。尤其是处于保守的东方社会，男人所期望的仍然是富有母爱温柔的女性，如果女性的行为太开放，言语太大胆，语气太强硬，男士们都会望而却步。

温柔是女性独有的特点，也是女性的宝贵财富。如果你希望自己更完美、更妩媚、更有魅力，你就应当保持或挖掘自己身上作为女性所特有的温柔性情。须知：做女人，不能不懂温柔；要做个百分百女人，不能丧失温柔；要成为幸福快乐的女人，绝对不能不温柔。

女人最能打动人的就是温柔。温柔而不做作的女人，知冷知热，知轻知重。

和她在一起，内心的不愉快也会烟消云散，这样的女人是最能令人心动的。

女性的温柔是民族遗风、文化修养、性格培养三者共同凝练所致。一个女人，善于在纷繁琐事忙忙碌碌中温柔，善于在轻松自由欢乐幸福中温柔，善于在柳暗花明时温柔，善于在关切和疼爱中融合情人与妻子的两种温柔，善于在负担和创造中温柔，更善于填补温柔、置换温柔，这些是走向成功的不可轻视的艺术。

温柔是一种美德，一种足以让男人一见钟情、忠贞不渝的魅力。的确，在男人挑剔的眼光中，盯着女人的美丽的同时心里还渴求温柔。在充满浪漫与憧憬的青年时代，美丽或许会占上风，可当从感性回到理性的认识中时，男人就会越发明白：温柔比美丽可爱。事实上也是如此，在季节的变迁、时间的轮回中，美丽的外表会失去光泽，而温柔将会永驻。这自然形成的女性温柔古往今来给人间带来多少深情挚爱、温馨和谐，让男人不能忘怀。恋人的温柔若催化剂，催促着爱情的花果早日绽放成熟。夫妻的温柔像春天的阳光，像秋夜的明月，为生活平添着温馨和明净。夫妻的温柔又若高强度的凝结剂，为点点滴滴凝结的金光点缀着幸福。

看一个女人善良不善良，就看她是不是温柔的。人总是以善为本，如果善良是平静的湖泊，温柔就是从这湖上吹来的清风。

温柔里面包含着深刻的东西，这就是爱。这种爱之所以深刻，是因为不是生硬地表演出来的，而是生命本体的一种自然散发。温柔可不是娇滴滴，嗲声嗲气。这里有真假之分。娇滴滴、嗲声嗲气是假惺惺，是故作姿态。而温柔是真性情，是骨子里生长出来的本然的东西。一个女人站在面前，说上几句话，甚至不用说话，我们就能感觉到这个女人是温柔还是不温柔。

可能你在事业上不是一个女强人，学历并不高，厨艺也不怎么样，你的手很笨拙，长相也一般，总之你绝对不能算得上是一个十全十美的俏佳人，但你有一大特点——温柔，这就足以吸引许多男人的注意力。因为在他们眼中，你的这一特点胜过世间一切的景致。

温柔的女人就是上帝派来的爱的天使。人们常说：“水做的女人，泥做的男人。”有了如水般的温情，再硬的顽石也会消融。女人用温柔征服男人，征服世界。

温柔的女人具有一种特殊的魅力，她们更容易博得男人的钟情和喜爱。这样的女人像绵绵细雨，润物细无声，给人一种温馨的感觉，令人心荡神驰、回味无穷。

女人的温柔像沙漠里日夜吹起的风沙一样，当这温柔之沙飞扬起来时，是具有掩盖一切的姿态和力量的，虽是“沙”，却那么柔。女人的温柔像无孔不入的水滴一样，它可以涵养孕育大地之上的万物生灵……

细节修饰出好身材

这世上，除了芭比，谁会一直保持让人羡慕嫉妒恨的完美身材？即使标准如超级模特也大多是平胸。虽然上天没有给我们傲人的身材，但他给了我们头脑，让我们懂得如何运用各种巧妙的细节修饰自己，让身材显出凹凸曲线。

1. 变瘦有窍门

其实，一个女人漂不漂亮、穿衣服好不好看，跟身材的胖、瘦、大、小并没有直接的关系，“整体比例是否匀称”才是美丽的关键。如果你的比例不是很匀称，以下的技巧可以让你重新打造黄金比例，身材不太完美的你也可以变成“标志女人”。

（1）不要忽略内衣裤。春夏装的款式多为轻、薄、短、小，请将内衣裤视为整体塑型的一部分，穿着和春夏服饰合衬的内衣，在性感中保持端庄才是上上之策。

（2）衣服不大不小。尺寸太大的衣服虽然能遮住不理想的曲线，却会让“吨位”在视觉上被“放大”；尺寸太小的衣服难免过紧，所以不大不小的衣服才是最适合的。

（3）整体线条要干净清爽。请务必保持整体线条的干净清爽，例如，拿掉破坏整体线条的垫肩，或者在布料较透明的衣服里加一件丝质衬衣、衬裙，便能巧妙遮盖肉感的腰、腹、臀、腿，美化你的整体线条。

（4）长度不要结束在最有分量的位置。服饰长度结束的地方，通常是视觉的焦点，因此像袖口应避免结束在手臂最粗的位置，衣摆不要结束在臀部最宽的地方，裤管则应避免结束在腿部最粗的部位。

2. 手臂长久的“瘦”

穿短袖衣服时，不要让袖子的长度结束在手臂最粗的地方。除非手臂真的非常“粗壮”，否则建议你可以试试无袖或削肩的衣服。当整个手臂线条被拉长时，往往手臂也就不如想象中那么粗了。另外，袖子的衣料不要太薄、太紧或太有弹性，将手臂包裹得紧紧的，会显得肉感十足。穿衣只是暂时之计，长远来讲，我们还是应该通过运动达到手臂长久的“瘦”。

3. “挺”起来真好

选对胸衣与抬头挺胸是帮助你“以小变大”的基本功。

（1）穿公主线剪裁的服饰。有胸褶与腰褶的公主线剪裁，会让身材看来玲珑有致；反之，宽宽松松的服饰只会将瘦的人“扁平化”。

（2）穿有蓬松感的上衣，有荷叶领、胸前打碎褶的设计等。另外，在腰间系一条皮带，让上身蓬松起来，都能增加动人曲线。避免单穿紧身或贴身的服饰，可以在外面多加一件衣服，以增加“分量”。

（3）腰节衣服，托出完美胸线。把腰节线提高再提高，到胸线以下的位置，你的胸部看上去就完美无缺了，当然胸位以下最好是修身合体的款式，才能更加衬托出胸部的玲珑曲线。

4. 腰看起来更细

（1）视腰部为“要害”的佳人，请避免穿着腰部附近有复杂设计的衣服，如腰部有滚边、绣花、口袋等；若系宽腰带，要系在低腰接近臀部的位置上，而不是腰上。

（2）剪裁“略有腰身”的服装，如公主线剪裁、有腰褶的服装等，能让腰部曲线现形。此外，“直筒洋装”因为让人看不出实际的腰围大小，也就无所谓有没有“小蛮腰”了。

（3）肩膀若不宽，可以利用垫肩、穿着宽且浅的领形来增加肩膀宽度；臀部不大的人，更可穿着蓬裙，两者皆会让腰身相对变小，展现窈窕身段。

5. 让臀部更“秀气”

（1）合体直筒裤，提升臀位。深色的裤子有收缩的视觉效果，腰臀处的合体设计包裹出丰满的臀线，臀围处有分割处理的裤子能让臀位在视觉上感觉提升不少。

（2）条纹下装，让臀部更秀气。条纹是显瘦的常规技巧，但不要选择宽条的纹样，条纹裤子也不要选择太紧身的款式，不然效果适得其反。臀部的设计要以简洁为主。

（3）上衣长度千万不要正好结束在臀部最大的地方，也要避免设计重点在臀部附近的衣物，如臀部的贴补式口袋、滚边、印染或刺绣图案等，因为线条与设计皆有吸引视觉的效果。

6. 小腹隐形不难

小腹是否突出和胸部的比例关系很大，胸前“伟大”的女人不管小腹再怎么圆都不太会显大，而“纯平”的女人只要小腹有一点点突出，就看得很清楚了。因此，要在视觉上“缩小小腹”的第一步就是抬头挺胸。另外，也可以在以下几方面下工夫：

（1）合身很重要。因腹部太紧而布料紧绷起皱，或拉链绷开，是引人注意腹部的第一大敌。

（2）穿不会皱的衣服。小腹的地方，衣服特别容易皱，而身上特别皱的地方也就是特别惹人侧目的地方，如果穿着会皱的衣服坐下的时候，腹部处要特别小心才是。

（3）收口上衣掩饰小肚子，既时尚又曲线玲珑。不过收口的位置一定要在肚子以下才有修饰的效果，位置太高反而会让小肚子暴露无遗。

7. 腿修长有章法

（1）布料厚薄要适中，避免布料过厚，或穿贴身有弹性的布料做的衣服。

（2）不管是长裤或裙子，都不要太紧绷——有一点松，在腿侧能抓出2.5厘米的宽度是最好的。

（3）长裤或裙子的下摆不可结束在腿最粗的地方。

此外，穿2寸或更高的高跟鞋，可以让双腿看起来细许多，过细的鞋跟则要避免。

傲人的身材是魅力女人的一大资本，善于运用细节来帮助自己展示迷人身材的女人，是善于展现魅力的女人，也是善于修饰自己的智慧女人。

先做适者，再做强者

每个女孩都想做一个强者，但是做一个强者何其容易，尤其是对于那些正处于人生过渡期的年轻女孩而言，此前已经有了一些人生和工作经验，但是距离成功尚有一段很长的路。渴望成功的同时，难免会心急上火，耐不住寂寞，事实上，越是这样，越是什么也做不好。处于这种阶段的女孩，做不了强者，就该从适者做起，适应了，才可能超越。

有一个女孩在社会上总是不得志，有人向她推荐一位得道大师。她找到大师，倾诉了自己的烦恼。大师沉思了一会儿，默然舀起一瓢水，说："这水是什么形状？"女孩摇头："水哪有形状呢？"

大师不答，只是把水倒入一只杯子，女孩恍然，说道："我知道了，水的形状像杯子。"

大师无语，轻轻地拿起花瓶，把水倒入其中，女孩又说道："哦，难道说这水的形状像花瓶？"

大师摇头，把水倒入一个盛满花土的盆中。水很快就渗入土中，消失不见了。女孩陷入了沉思。这时，大师俯身抓起一把泥土，叹道：“看，水就这么消逝了，这就是人的一生。”

女孩沉思良久，忽然站起来，高兴地说：“我知道了，您是想通过水告诉我，社会就像一个个有规则的容器，人应该像水一样，在什么容器之中就像什么形状。而且，人还极可能在一个规则的容器中消失，就像水一样，消失得迅速、突然，而且一切都无法改变。”

女孩说完，眼睛急切地盯着大师，渴盼着大师的肯定。

“是这样。”大师微笑，接着说：“又不是这样！”说毕，大师出门，女孩随后。在屋檐下，大师伏下身，用手在青石板的台阶上摸了一会儿，然后顿住。女孩把手指伸向大师手指所触之地，那里有一个深深的凹口。

大师说：“下雨天，雨水就会从屋檐落下。你看，这个凹口就是雨水落下的结果。”

女孩大悟：“我明白了，人可以被装入规则的容器，又可以像这小小的雨滴，改变这坚硬的青石板，直到容器破坏。”

大师点头：“对，这个凹口会变成一个洞。”

人生当如水，无常形常式，却包容万物，无往不利。能屈能伸，乃智者人生。的确，二十几岁的女孩，在你还没有能力做强者之时，就该适应环境，在逆境中努力掌握生存的法则，保存实力，以待转机。等到顺境时，幸运和环境皆有利于我，乘风万里，扶摇直上，以顺势应时，更上一层楼。

一个女孩不懂得去适应环境，那么估计还没有等到好的时机，已经被社会所淘汰。所以，要做一个适者，就得学会有刚有柔。人太刚强，遇事就会不顾后果，迎难而上，这样的人容易遭受挫折，人生苦短，能忍受几多挫折？人太柔弱，遇事就会优柔寡断，坐失良机，这样的人很难成就大事。二十几岁的女孩，做人就要刚柔相济，能刚能柔，能屈能伸，当刚则刚，当柔则柔，屈伸有度。

第八章

女人的成熟比成功更重要

- 有梦想，但不要活在梦中
- 生气不如争气，翻脸不如翻身
- 有些弯路是必不可少的
- 保持自己的个性
- 自信让女人独具芳香
- 最后也要守住的自尊心
- 年龄是密度单位，而不是长度单位
- 太在意别人的眼光，将暗淡自己的光彩
- “狠女孩”才能自我主宰
- 公主也不能染上“公主病”
- 收起你的“灰姑娘情结”

有梦想，但不要活在梦中

女人是感性动物，头脑中经常浮想翩翩。梦想自己拥有一份体面的工作，梦想自己得到白马王子的追求，梦想自己就是高贵的公主。

生活中我们常常能听到有的女孩对人说：“我有漂亮的长相，又有那么好的家庭背景，头脑也聪明，将来我一定会做成大事，等到我赚大钱的那一天，肯定请大家吃满汉全席，到时候大家有什么困难，尽管来找我！”这言语之间，踌躇满志，仿佛自己已经功成名就、财富百万。当别人问她凭什么就能做大事的时候，她会振振有词地说：“知识就是力量，智慧就是财富，我是美貌与智慧并重、仁爱与侠义的化身——宇宙无敌超级美少女，我怕谁？哼！”

白日梦谁都会做，关键是要有所行动，白日梦不能当饭吃，你要想获得你想要的东西，你就得有实实在在的成绩，否则，光是有想法就能成功，那世界上岂不人人都是亿万富翁了？

正如英国前首相本杰明·迪斯雷利指出的，虽然行动不一定能带来令人满意的结果，但不采取行动就绝无满意的结果可言——你需要的不只是梦想，你还要付出切切实实的努力。有了想法就去做，这样你才能成功。

有一位名叫莱温的美国女孩，她的父亲是芝加哥有名的牙科医生，母亲在一家声誉很高的大学担任教授。她的家庭对她有很大的帮助和支持，她完全有机会实现自己的理想。她从念中学的时候起，就一直梦想当电视节目主持人。她觉得自己具有这方面的天赋，因为每当她和别人相处时，即使是生人也都愿意亲近她并和她长谈。

但是，她为这个理想什么也没有做！她在等待奇迹出现，希望一下子就当上电视节目的主持人。

莱温不切实际地期待着，结果什么奇迹也没有出现。

另一个名叫海伦的女孩却实现了莱温的理想，成了著名的电视节目主持人。海伦之所以会成功，就是因为她知道“天下没有免费的午餐”，一切成功都要靠自己的努力去争取。她不像莱温那样有可靠的经济来源，所以没有白白地等待机会出现。她白天去打工，晚上在大学的舞台艺术系上夜校。毕业之后，她开始谋职，跑遍了芝加哥每一个广播电台和电视台。但是，每个经理对她的答复都差不多：“不是已经有几年经验的人，我们一般不会雇用的。”

海伦没有退缩，也没有等待机会，而是继续走出去寻找机会。她一连几个月仔细阅读广播电视方面的杂志，最后终于看到一则招聘广告：北达科他州有一家很小的电视台招聘一名预报天气的女孩子。

海伦在那里工作了两年，之后又在洛杉矶的电视台找到了一个工作。又过了5年，她终于成为她梦想已久的节目主持人。

为什么会这样呢？

因为莱温在10年当中，一直停留在幻想上，坐等机会；而海伦则采取行动，最后，终于实现了理想。

成功不在难易，而在于“谁真正去做了”。这个世界不缺乏机遇，缺少的是抓住机遇的手，如果你有想法就要赶紧去做，别担心失败或困难重重，人都是在不断地跌倒与爬起中学会走路的，在不停地实践与追求中，你就能超越自我，成为一块闪亮耀眼的真金。

梦想是心灵的翅膀，只有付诸行动才能让自己腾飞，所有拥有美丽梦想的女子们，快快行动起来吧，不要让梦想只在你脑海中浮动，用行动证明你梦想的可能性！

生气不如争气，翻脸不如翻身

女人总是容忍不了自己受委屈，一旦她们觉得自己吃亏了，就容易引起很大的情绪波动。于是，有一部分人，会冲上去跟对方理论，宁可撕破脸，也要让对方明白自己的不满，并且让对方看到自己的强烈抗议，让对方知道自己并非软弱可欺。也有一些人会暗自发牢骚，向朋友倾诉自己所受的委屈，甚至在心理上开始排斥那个欺负她的人，发誓不再跟那个人有任何的来往。

其实，在你冲上前理论的一刹那，你已经在生活的棋局上输了一盘，在你暗自发牢骚的那一刻，你也熄灭了生活中的一盏灯。生活在一个圈子里的人，怎么可能不产生矛盾？他或者看轻你了，说话伤害到你了，但你不是一定要打破鼻子、抓破脸的。生气不如争气，抱怨不如改变，把对方对你的轻视看做是一种促使你向上的动力，做出成绩让他们看看，他们的看法是错的，让他们自己去悔悟，这样往往要比你自己冲上去更加有效果。

很多人大概都知道，陈鲁豫毕业找工作的时候，曾经接受过一个机场广播电台的面试。当她出现在面试官面前时，面试官一直在摇头，似乎在说，这样又瘦又小的形象怎么可能当主持人？陈鲁豫明白了对方的意思，也没说什么，默默地走开了。可是，若干年后，鲁豫以其独特的主持风格，在凤凰卫视闯出了一片天。

如今红遍海峡两岸的组合S.H.E也曾经去过一个剧组试镜，可是没怎样开始，剧组的主创人员已经全盘否定了她们的表演。在演艺道路上，也许S.H.E走得很艰辛，可是在歌唱事业上，她们却发展成了华语区最红的女子组合，身价过亿。

谁的人生都会有波折，没有一个人能说“我的人生之路是平坦的”。但是，你该怎样面对你的人生？面对那些否定你或者看轻你的人，冲上去理论无疑是最不明智的行为。女人不妨学学鲁豫、S.H.E，在经历了别人的轻视时，在承受了人生的冷遇时，生气不如争气，翻脸不如翻身。你说我不行，我偏要让你看看，我是可以的，我能行！

邓亚萍是夺取世界乒乓球冠军次数第三多的女选手，在世界乒坛上取得了无人超越的辉煌成就。然而最初学习乒乓球的时候，她并不被看好，身高仅1.55米的邓亚萍手脚粗短，被人们认定不是打乒乓球的料。然而她并没有因为别人对她的否定就放弃自己的梦想，她凭着苦练，以罕见的速度、无所畏惧的胆色和顽强拼搏的精神，13岁就夺得全国冠军，15岁时获亚洲冠军，16岁时在世界锦标赛上成为女子团体和女子双打的双料冠军。1992年，19岁的邓亚萍在巴塞罗那奥运会上又勇夺女子单打冠军，并与乔红合作获女子双打冠军。1993年在瑞典举行的第四十二届世乒赛上与队员合作又夺得团体、双打两块金牌，成为名副其实的世界乒乓球坛皇后。

在邓亚萍退役后，对自己的人生进行了重新思考，给自己一个新的定位——从运动员到知识女性的华丽转身。然而大众纷纷议论，她可以吗？面对这一次挑战，邓亚萍同样不在乎别人的质疑，凭借自己坚强的意志和良好的方法，她先后到清华大学、诺丁汉大学和英国剑桥大学进修，并获得英语专业学士学位和中国当代研究专业的硕士学位；2002年邓亚萍在国际奥委会道德委员会以及运动和环境委员会两个委员会担任职务；2003年，邓亚萍成为北京奥组委市场开发部的一名工作人员。

对于一个聪明的女人来说，生气还是咽下这口气对自己更有利，翻脸还是适时弯曲对自己更有利，这是不言自明的。在弯曲时不忘积极进取，在受到质疑时执着坚持，与其生气不如争气，与其翻脸不如翻身，用你的实力赢取别人的尊重，这才是一个成功的女人。

有些弯路是必不可少的

成长，其实就是一个走弯路的过程。非要经历阵痛，才能慢慢长大。正如陆游所说，“纸上得来终觉浅，绝知此事要躬行”。一个孩子，父母再怎么给他比划如何走路，可是如果他不亲自学着下地走路，不经过摔跤，又怎么能学会走路呢？别人的经验不经过实践始终都是大脑里虚无缥缈的概念，没有脚踏实地亲自验证的经验等于没有经验。人生中的一些弯路是必需的，因为它会不断地使人在亲身感受中获得真实的力量和进步。

年轻的我们都很害怕遗憾，特别是刻骨铭心的遗憾，总是极力地去避免。我们都知道钮扣一步扣错步步错的道理，但却忘记了有些弯路是必不可少的。

张爱玲有一篇文章叫《非走不可的弯路》就说得十分的经典：在青春的路口，曾经有那么一条小路若隐若现，召唤着我。

母亲拦住我：“那条路走不得。”

我不信。

“我就是从那条路走过来的，你还有什么不信？”

“既然你能从那条路走过来，我为什么不能？”

“我不想让你走弯路。”

“但是我喜欢，而且我不怕。”

母亲心疼地看了我好久，然后叹口气：“好吧，你这个倔强的孩子，那条路很难走，一路小心！”

上路后，我发现母亲没有骗我，那的确是条弯路，我碰壁，摔跟头，有时碰得头破血流，但我不停地走，终于走过来了。

坐下来喘息的时候，我看见一个朋友，自然很年轻，正站在我当年的路口，我忍不住喊："那条路走不得。"

她不信。

"我母亲就是从那条路走过来的，我也是。"

"既然你们都可以从那条路走过来，我为什么不能？"

"我不想让你走同样的弯路。"

"但是我喜欢。"

我看了看她，看了看自己，然后笑了："一路小心。"

我很感激她，她让我发现自己不再年轻，已经开始扮演"过来人"的角色，同时患有"过来人"常患的"拦路癖"。

在人生的路上，有一条路每个人非走不可，那就是年轻时候的弯路。不摔跟头，不碰壁，不碰个头破血流，怎能炼出钢筋铁骨，怎能长大呢？

我们总是喜欢看别人的经验，看别人如何才能不走弯路。这是一个好习惯，同时也是迷茫的根源。为了不走弯路，我们阅览群书，结果却陷入了似乎什么都懂又似乎什么都不懂的迷茫境地。缺少了实践的基础，一切都好像是活在云里雾里的虚无缥缈中。

很多东西，别人说的也许是真理，但是不一定适合自己，非要自己尝试过了，才会知道水深水浅。很多的东西，非要亲自体验了，摔跟头了，才会刻骨铭心地记得，才会变得更聪明。长期待在父母怀里长大的孩子，一般都会有些幼稚和晚熟。而那些离开父母保护的孩子，则会在孤独和不断地摔跤中迅速长大，并在各项素质上远远地超越于同龄人。

多走一段弯路，就是多记住一个教训，为我们以后的人生铺平道路；多走一段弯路，就是多看一段风景，不管景色是不是美丽，都为我们的人生添加了一抹色彩；多走一段弯路，就是多明白了一个哲理，会让你在今后漫漫的旅途中受益匪浅！

保持自己的个性

世界上所有珍贵的东西，都是不可仿制的，是绝无仅有的。女性大家族中的你，也是这个世界上独一无二的。

成功女性往往都具有独特的个性，无论是着装打扮、言谈举止，还是思维方式、处世风格，都与众不同。正是因为有了这许许多多的“不同”，才孕育出了她们不同凡响的成功。因此，每个想要成功的女性，都应该坚守自己的个性，保持自己的本色。

“保持本色的问题，像历史一样的古老，”詹姆斯·高登·季尔基博士说，“也像人生一样的普遍。”不愿意保持本色，即是很多精神和心理问题的潜在原因。安吉罗·帕屈在幼儿教育方面，曾写过13本书和数以千计的文章，他说：“没有比那些想做其他人和除他自己以外其他东西的人更痛苦的了。”在个人成功的经验之中，保持自我的本色及以自身的创造性去赢得一个新天地，是有意义的。你和我都有这样的能力，所以我们不应再浪费任何一秒钟，去忧虑我们不是其他人这一点。

你是独一无二的，你应该为这一点而庆幸，应该尽量利用大自然所赋予你的一切。归根结底，所有的艺术都带着一些自传色彩，你只能唱你自己的歌，你只能画你自己的画，你只能做一个由你的经验、你的环境和你的家庭所造成的你。不论情况怎样，你都是在创造一个自己的小花园；不论情况怎样，你都得在生命的交响乐中，演奏你自己的小乐器；不论情况怎样，你都要在生命的沙漠上数清自己已走过的脚印。

玛丽·玛格丽特·麦克布蕾刚刚进入广播界的时候，想做一个爱尔兰喜剧演员，结果失败了。后来她发挥了自己的长处，做一个从密苏里州来的、很平凡的乡下女孩子，结果成为纽约最受欢迎的广播明星。

著名世界影星索菲亚·罗兰第一次踏入电影圈试镜头时，摄影师抱怨她那异乎寻常的容貌，认为她的颧骨、鼻子太突出，嘴也太大，应当先去整容一下再试镜头。她却说："我不打算削平颧骨、换个鼻子和嘴巴，尽管你们摄影师不喜欢灯光照在我脸上的样子。要解决这个问题，不是我去整容，而是你们要好好琢磨琢磨应当怎样给我拍照。我认为，如果我看上去与众不同，这是件好事。我的脸长得不漂亮，但长得很有特色。"

这就是自信自爱、特立独行。

在每一个女人的成长过程中，她一定会在某个时候发现，羡慕是无知的，模仿也就意味着自杀。不论好坏，你都必须保持本色。个性是一笔财富，一个可爱的个性，会让你一辈子受益无穷。

你完全可以把巩俐、张惠妹当做心中的偶像，完全可以惊叹杨澜、张璨创造的惊人财富，但你千万不可妄自菲薄，从心中小视了自己，尽管自己存在着这样那样的缺陷。或许你的形象比不上巩俐的娇美，或许你的财富和杨澜比起来显得微不足道，但你大可不必东施效颦、自惭形秽，你的勤奋刻苦、你的自强不息，谁又能否认这是你人生的一大亮点呢?

有一句老话叫"尺有所短，寸有所长"，是很有道理的。她有她的优势，你有你的长处，没有必要拿自己和她去对照，更没有必要通过自己的有意对比给自己造成某种压力。唐代大诗人李白曾说"天生我材必有用"，既然如此，人家是块金子能闪闪发光、灿烂夺目，你是块煤炭也能熊熊燃烧、温暖世界。

自信让女人独具芳香

有一种女人，即使她没有令人惊艳的姿容，还是在人群中卓然而立，举手投足之间显示出干练与风度，她身边仿佛笼罩着一层光环，被她吸引的人都会称赞她非凡的气度，这种女人就是自信的女人！

自信的女人拥有一种“光环效应”，通身散发着独特的吸引力，自信使她看上去神采奕奕、明艳动人。她总是扬着自信的头颅，嘴角常挂着微笑，炯炯有神的双目流动着光芒。

事实上，每个女人都是独一无二的美妙存在。尽管受到社会分类和认同的压力，但每一个人在内心深处，还是想与他人不同。我们要怎样才能充分感受到自己的与众不同？怎样才能找到比较成熟的自我？

首先，做个自尊、自强、自爱的女人，尽可能地张扬自己的优势。你有什么优点？你能准确地描述自己的长处吗？不要以为说出自己的优点，就是炫耀，在任何应该表现自我的地方都一定要与谦虚说再见。“我的英语会话很流畅，可以胜任接待外宾的工作。”“我曾获得演讲比赛冠军，请让我负责这次的招商演讲。”说这些话的时候，你应该是自信满怀、话语坚定，你能够做到，就不要藏身人后，白白失去表现自我的机会。即使只是菜烧得好、歌唱得好，会讲一两个笑话，等等，也是可以利用的优点。只要你用欣赏的眼光看自己，仔细地观察自己，就能发现自己具有的优良特质。你的自尊自爱会成为助你成功的力量。

其次，不要做个自贬的女人，动不动便廉价地出售自我。我们的传统教育让女人要谦逊、谦虚、忍让，谦虚过度却变成了消极的自贬。你要做的是看清你自己，所有的长处和短处，所有的优点和缺点，不要总用“我不行”“我做不到”来暗示自己，久而久之，你会觉得自己毫无价值。如果你自己都用怀疑的目光打量自己，还怎么指望能获得他人的承认和重视呢？

再次，你应坚信“天生我材必有用”这句话。每个人都必须接受命运的安排。天赋固然可以通过教育、练习与专注来强化，但先天心理上的限制却不容忽视，否则会很危险。其实强化天赋只是事情的一半而已，而且是较容易履行的一半。要确定某个人才能在何处，其实很困难。大多数人很少有特别突出的才能，多半是同时具有多方面的能力，却没有一样一枝独秀。不论决定从事哪一行，如果你本身令人失望，或个人表现欠佳（对这一点请诚实面对自己），那么就要勇敢地放弃这一切，重新再来！不要担心命运之门从此对你关闭，你总能找到适合你生存的地方。

有这样一个充分认识自我的女人。她毕业于设计专业，曾做过模特经纪人，就在大家都很羡慕她时，她却选择了离开这个行业，因为在她内心深处，最爱的是形象设计。那时的中国在这个行业中还未出现第一个吃螃蟹的人，没人去打开这个市场，她却挑战了一把，开始从事形象设计和形象咨询，并创立了一家形象沟通顾问公司。她最初创业时是从一个工作室起步。那时的她发现这个社会十分需要这样的行业，刚好国内还没人从事这样的工作，或者说还没有把它正规化。于是她凭着自己的直觉，凭着自己的爱好，凭着自己的技术走出了第一步，也是这个行业的第一步。用专业的知识和健康阳光的心态影响客户；帮助孤单的离异男女树立自信、快乐地生活；帮助女性提高管理自己和家庭的能力，促进家庭的和谐与和睦。这就是她的初衷，并且一直坚持着。

创业伊始，遇到了不少困难，客户源缺乏、开支大、收入少……但她还是一步一步走出了自己的成功之路。她从来不想做不到怎么办，遇到问题就想方设法去解决，终于创造出一番事业。她认为了解别人的女人是聪明的女人，了解自己的女人是智慧的女人。她不仅会给客户提供建议，还会教她们如何寻找到自己，只有知道并且了解了自己之后，才知道如何塑造自己的形象，才会更加自信。而她也正是凭借这种自信，充分发挥了潜藏于自己内心的能量，实现了自己的价值。

斯曼莱·布兰顿博士说："某种程度的自爱，是一个人心理健康的标志。适度的自爱对工作和成就都是不可或缺的。"

的确如此，健康、成熟的生活特征之一是"认识自己""喜欢自己"，这种喜欢自己不是自以为是或孤芳自赏，而是冷静、客观地接受自我，怀着自重与尊严去生活。

一个成熟的女人会经常批评自己的表现，知道自己的错误和缺点，但她认同自己一些基本的目标和动机，并将精力花在完善自我方面，而不是对着别人哀叹。

心灵的成熟是一个持续不断的自我发掘过程。在我们对自己有所了解之前，我们无法了解别人。了解自己是智慧的开端，这便是"世界上只有一个你"的现代版。

每一个女性都有自己潜在的力量，有自己可以发挥的作用，有自己存在的价值。女人们，自信起来吧，天生我材必有用！让自信开启人生引擎的爆发力！

最后也要守住的自尊心

2011年热映的电影《失恋33天》里面，女主角黄小仙在失恋后说："此刻我突然意识到，即便肮脏，余下的一生，我也需要这自尊心的如影相随。"不管生活如何背叛了你，你的世界如何崩塌，女人，你都要记住，一定要守护好自己的自尊心。

在一个春寒料峭的下午，一家外企的门前。

通往公司大门的高台阶下，停着一辆豪华轿车。一位长得挺帅的中国小伙子（大约是秘书）恭敬地侧身一旁，一手拉开车门，另一只手护在车门楣上。一位身形高大的外国人在钻到车门楣下时，猛地起身用脑瓜往上一顶，那位秘书的手背上立即流出鲜血……这显然是蓄意的，但是那位小伙子却诚惶诚恐地问道："总经理，您没事吧？""我没事，你呢？"总经理回答道。"您没事就好！您没事就好！"那位中国小伙子如释重负，十分优雅地将受伤的那只手背到身后，用另一只手再次护在车门楣上，依旧温文尔雅地微笑着说："请！"

"慢！"就在总经理坐进车子正想出发时，一位小姐从公司的玻璃门后冲了出来。她的一只高跟鞋在冲下台阶时甩掉了，于是她极快地踢掉另一只，三步并作两步跑到车前，一下子拽开车门，以不容商议的口吻说："总经理先生，请您下车！"

这位身高适中而窈窕的小姐，光着一双脚站在车门前，静静地站着，僵持了几秒钟后，那位外国人只有顺从地钻出了汽车。

小姐面对那位高大而傲慢的总经理，严肃地说道："您有责任送他到医院医治！""是的，是的。"外籍总经理只得连声说。

总经理的专车最后抛下总经理载着伤者飞驰而去。

自尊是对自己的一种敬意，它教会了一个女人要有尊严，要爱自己的肉体和灵魂，要肯定自己，要将自立放在重要位置，而不是依靠他人，接受他人的施舍。自尊的女人非常尊重自己，自己监视自己。正是因为自己尊重自己，根据同样的法则，她也尊重他人。同样的，由此她也博得他人的尊重。

然而，一旦一个女人失去自尊，她便会轻视自己，甚至出卖自己的肉体。连自己的肉体都不尊重的女人，又怎么能够获得尊严，活出高贵呢？鄙视自己、轻视自己的结果，只能是失去健康、独立的人格，让自己变成一个自私自利的小人。理由很简单，如果她不爱自己，不相信自己，她也不可能爱他人和相信他人，她还会设法通过牺牲他人的利益来大肆攫取，以弥补那些令人绝望的个人空虚感和挫折感。中国传统的礼教认为名节比性命更重要，撇开一些男权主义的糟粕，这个命题有其可取之处，那就是：品格是立身之本，丧失品格的人，将丧失别人对她的敬佩与肯定。

伟大的思想巨匠卢梭，在他的一篇著名演讲词中，曾声色高昂地诠释自尊的力量。他说："自尊是一件宝贵的工具，是驱动一个人不断向上发展的原动力。它将全然地激励一个人体面地去追求赞美、声誉，创造成就，把他带向他人生的最高点。"

女人失去什么也不能失去自尊，如影随形的自尊心会时刻提醒你如何在这纸醉金迷、险象环生的世界里生存下来。

年龄是密度单位，而不是长度单位

年龄，似乎永远是女人心头的痛。女人划地自限，因为年龄；女人举棋不定，因为年龄；女人感情打折，因为年龄；女人隐藏才情，因为年龄；女人整容自虐，还是因为年龄……

女人被问到年龄的时候，总是有些尴尬。

说是秘密的话，别人觉得你年纪一定不小，所以不肯说出来。

于是，女人有了各种各样的关于年龄的睿智回答——

"我已经过了想结婚的年纪。"

"我已经过了相信承诺的年纪。"

"我已经过了相信男人会改变的年纪。"

“我已经过了喜欢听甜言蜜语的年纪。”

“我已经过了相信爱情是生命全部的那个年纪。”

“我已经过了‘有情饮水饱’的年纪。”

“我已经过了沙滩漫步和数星星的年纪。”

生活中，有这样一些女人：她年轻的时候只是比一般人稍微漂亮些，可时光证明了她是块璞玉，时光越雕琢，越晶莹剔透。换句话说，她是越老越美丽的女人。她知道，女人的美丽并不仅仅是光洁粉嫩的皮肤、纤细苗条的身材，更多的应该是迷人的气质、优雅的风度以及大气的风范。她从不介意透露自己的年龄，因为她的身上无时无刻不在传达着自强自信的信息。对于她来讲，年龄不是一个长度单位，而是密度单位，是生命以及生活含金量的一种体现。聪明的女人，具有为自己“保鲜”的能力，岁月与生活的琐碎无法在她的心灵烙下伤痕，因为她知道，增加生命的密度远比增加长度更重要。

有这样一则关于女人年龄的笑话。有人问一个女人多大年纪，她说30岁。对方不信，又问到底多大，她说40岁。对方仍然不信。后来那人故意说：“今天天热，我去看看盐罐生蛆了没有。”结果女人大笑：“我活了50岁，还是头一回听说盐罐会生蛆。”

这则笑话非常形象地说明了很多女人在面对年龄问题时的不正确的心态。其实，我们都知道，怕老并不会使你不会变老，所以其实女人根本没必要太在意自己的年龄，带着积极的生活态度、勇往直前的工作状态、坦诚真挚的处世之道，便会永远年轻，永远时尚：正视年龄，坦然面对，勇于对生命负责，你才可能活得更好、更美。

自信才是年龄最终的解药。自信也是女人可以给这个以貌取人的世界的智能、理性的回答。年龄是无法抗拒的，但是心态是可以保持的，其实每个年龄段都有她自己的美丽。20岁的女人美在青春洋溢；30岁的女人美在有女人味；40岁的女人美在有智慧；50岁的女人美在善解人意；而60岁的女人虽然已老，但由人生历练孕育出的圆融、智慧、宽容、慈祥所呈现出来的成熟风韵，却是年轻人无法拥有的。

张曼玉在接受时尚杂志的采访时被问道：“身为女人，是否也和其他女性一样，担心岁月，惧怕衰老。”她回答道：“每个人都会怕老，成长过程是每个人都要经历的，其实每个年龄阶段都有不同的美，关键是要看你自己如何面对。有很多女士会用很多时间和精力很着重地去打扮，想让自己看上去比真实的年龄更年轻。虽然我不认为她们这样做是错的，但是我会选择面对现实。我情愿用同样的时间和精力去想怎样保持最佳状态，珍惜现在所处的阶段，积极面对目前的事业和工作。”

人生的密度需要女人自己的生活经历来沉淀。女人需要不断地给自己充电，让自己更优秀、更充实。这样，当炫目的青春远去之后，你还会拥有在岁月流逝里越来越动人的风华。所以，美丽的女人们，不要被自己日益增长的年龄裹足不前，不要在意不值得在意的东西，生命是自己的，每个人都可以活得精彩。保持年轻的心态，增加生命的密度，你离幸福就又近了一步。

太在意别人的眼光，将暗淡自己的光彩

在这世上，没有任何一个人可以赢得所有人的满意。跟着他人眼光来去的人，会逐渐暗淡自己的光彩。

西莉亚自幼学习艺术体操，身段匀称灵活。可是很不幸，一次意外事故导致她下肢严重受伤，一条腿留下后遗症——走路有一点瘸。为此，她十分懊丧，甚至不敢走上街去，因为害怕看见别人注视她的残腿的目光。作为一种逃避，西莉亚搬到了约克郡乡下。

一天，小镇上的雷诺兹老师领着一个女孩来向她学跳苏格兰舞。在他们诚恳的请求下，西莉亚勉为其难地答应了。为了不让他们察觉自己残疾

的腿，西莉亚特意提早坐在一把藤椅上。可那个女孩偏偏天生笨拙，连起码的乐感和节奏感都没有。

当那个女孩再一次跳错时，西莉亚不由自主地站起来给对方示范那个要领——一个带旋转的交叉滑步动作。西莉亚一转身，便敏感地看见那个学生的目光正盯着自己的腿，一副惊讶的神情。她忽然意识到，自己一直刻意掩盖的残疾在刚才的瞬间已暴露无遗。这时，一种自卑让她无端地恼怒起来。西莉亚的行为伤害了女孩的自尊心，她难过地跑开了。

事后，西莉亚满心歉疚。过了两天，西莉亚亲自来到学校，和雷诺兹老师一起等候那个女孩。西莉亚说："如果把你训练成一名专业舞者恐怕不容易，但我保证，你一定会成为一个不错的领舞者。"

这一次，他们就在学校操场上跳，有不少学生好奇地围观。那个女孩笨手笨脚的舞姿不时招来同学的嘲笑，她满脸通红，不断犯错，每跳一步，都如芒刺在背。西莉亚看在眼里，深深理解那种无奈的自卑感。她走过去，轻声对那个女孩说："假如一个舞者只盯着自己的脚，就无法享受跳舞的快乐，而且别人也会跟着注意你的脚，发现你的错误。现在你仰起脸，面带微笑地跳完这支舞曲，别管步伐是不是错的。"

说完，西莉亚和那个女孩面对面站好，朝雷诺兹老师示意了一下。悠扬的手风琴音乐响起，她们踏着拍子，愉快起舞。其实那个女孩的步伐还是有些错误，而且动作不是很和谐。但意外的效果出现了——那些旁观的学生被她们脸上的微笑所感染，也不再去关注舞蹈细节上的错误。渐渐地，有越来越多的学生情不自禁地加入到舞蹈中。大家尽情地跳啊跳啊，直到太阳下山。

生活在别人的眼光里，总也找不到自己的路。

其实，同一个事物，每个人的眼光都有不同。面对不同的几何图形，有人看出了圆的光滑无棱，有人看出了三角形的直线组成，有人看出了半圆的方圆兼济，有人看出了不对称图形独特的美……

同是一个甜麦圈，悲观者看见一个空洞，而乐观者却品味到它的味道。

同是交战赤壁，苏轼高歌“雄姿英发，羽扇纶巾，谈笑间樯橹灰飞烟灭”；杜牧却低吟“东风不与周郎便，铜雀春深锁二乔”。

同是“谁解其中味”的《红楼梦》，有人听到了封建制度的丧钟，有人看见了宝黛的深情，有人悟到了曹雪芹的用心良苦，也有人只津津乐道于故事本身……

苏轼曾说：“横看成岭侧成峰，远近高低各不同。”人生是一个多棱镜，总是以它变幻莫测的每一面反照生活中的每一个人。不必介意别人的流言飞语，不必担心自我思维的偏差，坚信自己的眼睛、坚信自己的判断、执着自我的感悟。用敏锐的视线去审视这个世界，用心去聆听、抚摸这个多彩的人生，给自己一个富有个性的回答。

“狠女孩”才能自我主宰

有人说，女人应对自己狠一点，只有“狠女孩”才有福。因为“狠女孩”知道在得失中做出选择，她们敢爱敢恨、敢作敢为，即使所作出的选择要承担更多的痛苦，但是只要那是朝着自己的目标接近的，她们就会毫不犹豫，狠下心来去做，直到达成自己的目的。

有一个出身名校的大学生，毕业时被分配到一个让人们眼红的政府机关，干着一份惬意的工作。

好景不长，她开始陷入苦闷，原来她的工作虽轻松，但与所学专业毫无关系。她可是经济专业的高才生啊，在机关里并无用武之地。

她想辞职外出闯天下，却又留恋眼下这一份舒适的工作。外面的世界虽然很精彩，风险也大啊。无奈之下，她就将自己的困惑告诉了她最敬重的一位长者。长者一笑，给她讲了一个故事：

一个农民在山里打柴时，拾到一只样子怪怪的鸟。那只怪鸟和出生刚满月的小鸡一样大小，还不会飞，农民就把这只怪鸟带回家给小女儿玩耍。

调皮的小女儿玩够了，便将怪鸟放在小鸡群里充当小鸡，让母鸡养育着。

怪鸟长大后，人们发现它竟是一只鹰，他们担心鹰再长大一些会吃鸡。然而，那只鹰和鸡相处得很和睦，只是当鹰出于本能飞上天空再向地面俯冲时，鸡群会产生恐慌和骚乱。渐渐地，人们越来越不满，如果哪家丢了鸡，便会首先怀疑那只鹰——要知道鹰终归是鹰，生来是要吃鸡的。大家一致强烈要求：要么杀了那只鹰，要么将它放生，让它永远也别回来。因为和鹰有了感情，这一家人决定将鹰放生。

谁知，他们把鹰带到很远的地方放生，过不了几天那只鹰又飞回来了；他们驱赶它不让它进家门；他们甚至将它打得遍体鳞伤……都无法成功。

后来村里的一位老人说："把鹰交给我吧，我会让它永远不再回来。"老人将鹰带到附近一个最陡峭的悬崖绝壁旁，然后将鹰狠狠向悬崖下的深涧扔去。那只鹰开始如石头般向下坠去，然而快要到涧底时它终于展开双翅托住了身体，开始缓缓滑翔，最后轻轻拍了拍翅膀，就飞向蔚蓝的天空。它越飞越自由舒展，越飞越高，越飞越远，渐渐变成了一个小黑点，飞出了人们的视野，再也没有回来。"

听了长者的故事，年轻的女孩似有所悟。几天后，她辞去了公职外出打拼，终有所成。

面对安逸的工作环境，年轻的女孩没有多余的留恋，而是坚定地选择了自己的道路，这就是"狠女孩"的作为。

在生活中，女孩常常是软弱的，尤其是在面临选择的时候，如果眼前已经拥有了很好的条件，那么很多女孩都是不愿意舍弃的。所以，女孩常常被现时的条件所左右，而不能主控自己，选择自己最喜欢的事情去做。但是，

“狠女孩”跟这些女孩是不一样的，她们有自己的主见，并且不会被眼前的利益所迷惑。尽管所选择的道路上可能充满了荆棘，她们也会毅然决然地走下去。

由此可见，“狠”女孩才能主宰自己的命运，聪明的女孩，都应该勇敢地做一个“狠女孩”。

公主也不能染上“公主病”

公主病（公主症候群；英文：Princess Syndrome），指一些自信心过盛，要求获得公主般待遇的女性。公主病者多数是未婚年轻女性，她们之中的很多人都喜欢这样自我陶醉、自以为是，动不动就在别人面前标榜自己，“王婆卖瓜，自卖自夸”，尤其在她们取得了一点成绩或者有着别人没有的优势后更喜欢卖弄、炫耀，似乎深恐“无人不知，无人不晓”。殊不知，你越张扬别人越不买账，你越卖弄，后果可能越不堪设想。中国有句古话叫：“显眼的花草易遭摧折。”说的是，越显眼出众的人（或事物）越容易遭到破坏。一个声名显赫的人物，越张扬越容易遭贼算计；一个人越爱自吹自擂，越容易让人看着欠扁。所以，即使是公主，也不要染上“公主病”。只有那些能够收敛自己的锋芒、平和待人、放低自己、抬高别人的人，才能够受到别人的尊重。这方面，何晶堪称典范。

何晶是新加坡总理李显龙的夫人，随着李显龙的宣誓就职，何晶也开始走到了新加坡的政治前台。何晶是位精明能干却始终保持低调，尤其不愿被媒体曝光的商业女强人，因此她的身世和成就，在新加坡鲜为人知。

如今，随着夫君正式宣誓就职，何晶不得不开始在媒体面前“曝光”。

不过，如果稍加留意就不难发现，在美国《财富》杂志首次选出亚洲25位最具影响力的企业家排行榜上，何晶排名第18位，与索尼集团行政总裁出井伸之、日本丰田汽车社长张富士夫及香港富商李嘉诚齐名。只是当时并没有多少人将她与李显龙联系在一起。

身为新加坡官方最重要的投资控股公司——淡马锡控股公司执行董事的何晶，目前掌管着新加坡遍布全球各地的数百亿美元资产。淡马锡控股公司成立于1974年，辖下大型企业包括新加坡航空公司、新加坡电信、新加坡发展银行乃至世界有名的新加坡动物园等。

她在一次接受媒体的采访时曾说：“我和他（李显龙）时常意见相左，但我们在这些问题上常作有益的辩论。李显龙（当时）虽然是财政部长，但他不能作任何片面决策，他只是一个团队的一分子而已。”

新加坡虽然是一个小国，但在亚洲来说却是一个经济强国，作为新加坡的第一夫人，何晶却喜欢朴素装扮，她经常留着一头短发。何晶曾在美国接受电子工程教育，因此她也是一位出色的政府学者。在1985年嫁给李显龙时，何晶正在新加坡国防部任职，当时李显龙刚以准将一职自军中退役。

女人，不应把自己太当回事，坦诚而平淡地生活，没有人把你看成是卑微、怯懦和无能的。如果你老是把自己当做珍珠，那么就时时有被埋没的危险。

做人还是谦虚一些好，偶然一句“我不太明白”“我没有理解你的意思”“请再说一遍”之类谦恭的言语，会使对方觉得你富有涵养和人情味，真诚可亲。

越是有成就的人，态度越谦虚，相反，只有那些浅薄的自以为有所成就的人才会骄傲。为此，俄国的列夫·托尔斯泰做了一个很有意义的比方：“一个人就好像是一个分数，他的实际才能好比分子，而他对自己的估价好比分母，分母越大，则分数的值越小。”

每个人都非常重视自己、喜欢谈论自己，都希望别人重视自己、关心自己，如果你在和别人交往时，表现出一种谦虚的精神，让他谈出自己的得意之处，或由你去说出他的得意之处，他肯定会对你产生好感，肯定会与你成为好朋友。

收起你的“灰姑娘情结”

女人天生爱做梦，尤其是爱情的梦，不仅是女人在做梦，整个社会都在帮着女人编造这个梦。韩剧里英俊潇洒的才子爱上温柔可人的贫家女，童话里权倾天下的王子（未来的国王）娶回“忍辱负重”的“灰姑娘”，总之种种的美，让女人一下子“咸鱼翻身”“小麻雀”飞上枝头变凤凰。但是，生活毕竟不是梦幻，是实实在在的由权势、财力、地位构成的现实经济关系。客观制约主观，经济基础决定上层建筑，你既然生活在社会群体的大环境之中，“天网恢恢”，你怎么会轻易逃出社会这张网?

女人总把男人幻想成自己的救世主，把婚姻当成自己的保险柜，以为碰上了好男人就能“时来运转”“脱胎换骨”。女人把太多的时间用在了献媚、讨好男人上，费尽心思地想要诱惑、迷倒、“圈住”男人，最好是让他一辈子都对自己“爱”得死心塌地——“爱情”是女人最大的“筹码”或追求，男人是女人生命中头等重要的大事业。女人不厌其烦地“涂脂抹粉”、不辞辛劳地“逛街淘衣”、不怕做作地“搔首弄姿”，甚至不顾性命地要进整容院“以身试刀”，目的都是一个“男”字。可惜的是，女人的力气用错了地方。爱情虽好，却不一定成就婚姻。女人享受爱情，但并不该指望爱情能给她带来许多实际的收益。爱情是感性的，但婚姻却并非只有感性，许多时候，它偏重的是一种“现实利益”的“合理”结合。就好比历史上许多的“政治联姻”，或是大家族之间的“门第结合”，反映的正是这样一种经济实质。即使人类进入21世纪，这种现实也依然在延续着。

下面，让我们来具体分析一下。

首先是豪门婚姻。豪门，众所周知，荣华富贵、锦衣玉食，豪门的种种好处大家心知肚明，可是豪门自古多怨妇。

1995年，甜美清纯的叶蕴仪，与玩具业的富商陈柏浩闪电结婚，一步跨入豪门。当年，丈夫为了表达对妻子的爱意，甚至以叶蕴仪为原形制作了一批人偶玩具，不知羡煞旁人几多。可惜好景不长，当叶蕴仪怀着第二胎时，丈夫开始流连于声色场所，四处寻芳问柳，多次被记者拍到跟其他女人鬼混的照片。她开始以泪洗面。叶蕴仪想挽回这段婚姻，但无奈郎心如铁，1999年陈柏浩提出离婚。

朱玲玲，优雅、高贵，港姐出身。即使在李嘉欣之后，也没有谁敢说朱玲玲不是最成功的港姐。朱玲玲1977年当选香港小姐，在短短9个月的时间内通过了豪门森严的考查，火速嫁给了霍英东之子霍震霆，位列香港一线豪门。2006年9月22日，朱玲玲通过好友正式向媒体宣布，自己1997年便已经搬离霍家，而她的婚姻也早在2004年就正式结束。

“庭院深深深几许”，谁说豪门一入就有享不尽的人间荣华？当然，“瘦死的骆驼比马大”，豪门里再多恩怨纷争，也有许多女人前赴后继地想要挤入其中。可话又说回来了，豪门即使想参观也要有“入场券”，要想嫁入其中，哪能轻而易举？

富人们都讲“门当户对”，他们不缺钱，但重身份、要声誉，娶个地位卑微、名不见经传的寒门小姐，就算他本人乐意，他的家人也未必同意。再说，上层社会名媛淑女不计其数，他又何必非得“冒天下之大不韪”而自贬身价呢？与上层小姐“珠联璧合”“强强联手”，岂不更是锦上添花的人间美谈？

想想看，当年查尔斯王子娶戴安娜，虽然她不是出身大富人家，可她有正宗的贵族血统。再看看以上那些嫁入豪门的女人，包括一直走豪门路线的大美人李嘉欣，哪一个是真正意义上的“灰姑娘”？一个个倾国倾城不说，又有哪一个在入户豪门前不是名利双收的。真正寒门里“鹤立鸡群”的灰姑娘，在这个社会，不通过选美选秀出名，充其量只有被人包养的份儿。再来看看中产阶级的婚姻。这个阶层的人可以说是物质与精神的“双重贵族”，他们既有稳定丰厚的收入，又注重自身的精神修养。他们婚姻的重要法则是：家庭出身基本一致，经济基础大致相当，精神气质互相吸引。至于大家所梦想的“男才女貌”的爱情，我们觉得，发生在这个阶层的可能性会大点。也就是说一个温文尔雅的部门经理可能会娶一个酒店服务员或者小店售货员为妻，但这种好事也不常见。售货员的收入低不说，就是学识、精神追求也不对等，除非你聪明好学，能力出众还行，男人可以教你帮你，否则，“相爱容易相处难”，即使男人刚开始喜欢你，能否长久生活下去，还是未知数。

最后再来看看一般阶层的婚姻吧。这个阶层就不必说了，能力、收入都很有限，你嫁过去不能指望他养你，他有这个心也没这份力，你还是自己救自己吧，该上班的上班，该开小店卖东西的卖东西，总之“艰苦奋斗，自力更生”。

综上所述，人们都有趋利避害的心理需求，大多数人都想通过婚姻来保障或提升自己的权势、财富、地位、名声甚至是知识总量。因此，婚姻虽然蒙上了一层温情脉脉的爱情面纱，却摆脱不了市场交易的“背后之手”——任何时代的婚姻交易市场上，买方都想用最少的钱买到最好的货，卖方则想把最差的货卖个最高的价钱。买卖双方经过一番利弊权衡，讨价还价，最后达成一个双方都能接受的价格。也就是说，如果把婚姻当成改变命运的“赌局”，婚姻的回报越高，你的筹码（你本身的综合资本，包括相貌、学历、背景等）就要越大。婚姻是一场持久战，前期的投入要足，后备的力量也要强，否则你前期得胜，后期力量跟不上形势，你照样会输。

总之，男人不是女人的救世主，婚姻不是人生的金饭碗。现在就连许多明星、模特、才女也是先发展事业再考虑婚姻的。“靠山山会崩，靠水水会枯”，女人就得靠自己，就算你嫁得再好，你都不能放弃奋斗。

第九章

能做女王，就不要做公主

- 外表要温顺，内心要强大
- 有野心的女人总会成功
- 不做女强人，但要做个强女人
- 只需改变自己一点点
- 没有安全感，是因为从来不冒险
- 将自己的优势最大化
- 从自我中走出来
- 摒弃依赖心理
- 事业是女人最华丽的背景
- 能力，女人最极致的性感

外表要温顺，内心要强大

美国前总统老布什的妻子芭芭拉是一位很坚强的女性，面对家庭诸事，她总能沉着应对。她患有甲状腺炎，布什也有心脏病，女儿多罗蒂离婚、儿子尼尔职位被解除，特别是1953年女儿罗宾死于白血病，但这一切都没有压倒布什夫人，她总是竭尽全力保护他们。有一次，布什出席一个宴会时突然病倒，在场人员不知所措，芭芭拉却当机立断，打电话叫急救车，亲自送丈夫去医院。

坚强，是每一个成功人士必备的品质之一。《易经》曰："天行健，君子以自强不息。"也许有时候，我们无奈于生命的长度，但是坚强能够让我们选择生命的宽度与厚度。在这个世界上，我们会遇到赏罚不公，我们会遇到就业压力，我们会遇到竞争，我们会遇到病魔，我们会遇到……但是，女人可以运用自己手中坚强的画笔，为自己在逆境中描绘一片属于自己的蓝天，为自己绘出红花绿草、清风习习。

2004年3月8日晚上，中央电视台《半边天》节目对6位女性做了访谈。

第一位是一个阿姨辈的女人——王自萍，54岁。但是她的状态，也可以说是心态，丝毫不亚于年轻人，甚至强过年轻人。她的乐观、自信、热情，瞬时感染了现场及电视机前的观众，也让人们羡慕不已。她是退休后，以不惑之年闯北京的，在这之前，她坚决地结束了一段不幸的婚姻。到了北京，种种努力自不必说，她终于成为了一家会计事务所的经理，通过了三项非常困难的资格认证考试。工作之余，她有着同样精彩的业余生活，她的幸福是每个人都可以感受到的，我们从她风趣的话语中知道了幸福的来源——坚强。

还有一个残疾姑娘，她身上所拥有的自信同样让她光彩照人。她来自石家庄，尽管残疾，但偏偏是个不服输的人。为了做一名职业歌手，她坐着轮椅跑到了北京，要实现自己的梦想。

设想一个四肢健全的人假如要到北京生活，都有那么多的艰难，何况她一个残疾人。她有一千个不会成功的理由，但就有一千零一个成功的理由给予了她成功。她现在是一名签约歌手。这一千零一个理由便是永不放弃、坚强。主持人问："上帝为什么要给你一个这样的命运？"她说命运只是要她活得更艰难一点。她在地铁站中的歌声嘹亮而高亢，远远地听去，就像是对命运的宣战。坚强是她的武器，任何困难都不能逃过她的冲击。

出场的女性大多是拥有一种白领的优雅，她们心底深处的倔强被温柔所掩盖。直到最后一位。她是云南昆明一家饭店的老板，手下有200多名员工，有2000多平方米的大楼。主持人关于她身家的渲染并没有引来多少人的羡慕，大家的心情很快被她的叙述所吸引。她有一个不幸的童年，险些被母亲以400元的价钱送人，从此她与母亲断绝了关系。这之后便是如何努力，如何奋斗，才有今天的成就。在她身上，所洋溢的依然是坚强二字。

人生不可能一帆风顺，所以自从你有自我意识的那一刻起，你就要有一个明确的认识，那就是人的一辈子必定有风有浪，绝对不可能日日是好日、年年是好年。当你遇到挫折时，不要觉得惊讶和沮丧，反而应该视为当然，然后冷静地看待它、解决它。

很多女人遭逢生命的变故时，总会不停地埋怨老天："为什么是我？""为什么我就这么倒霉？"……即使哭哑了嗓子，事情也不会无缘无故地好转，所以要坚强地面对。碰到令人伤心的事情发生时，你第一个念头要告诉自己："它来了！这是必经的进程，只有自己能帮助自己，所以我要勇敢面对，现在就想办法处理！"不断用心灵的力量来为自己打气，然后要比平时更精神百倍，才能让自己走过生命的黑暗期，迎向灿烂的明天。遇到困难时，越是坚强的女人，越有一股让人尊敬与心疼的魅力。唯有自己表现得更坚强，别人才能帮助你。

坚强也是一把双刃剑，多则盈，少则亏。少了坚强做伴的女人，或是唯唯诺诺、没有自我；或是哀哀怨怨，陷在一件可小可大的事里，挣扎在一段越理越乱的感情里不能自拔。只有坚强的女人，为了坚强而追求着坚强，从不停下脚步，坚强于她只是一种习惯。她的幸福是给别人看的幸福，坚强只是一件应急的衣裳。

多也罢，少也罢，总而言之，女人要活得自我，活得幸福，坚强是第一要素。不管你的外表多么柔顺，多么小鸟依人，有一颗坚强的内心，女人才能活得更加精彩。因为它就是一把开山的斧，远航的帆。面对挫折或者失败，女人更需要的是从失败中站起来，微笑着面对风霜的袭击，用宽阔的胸怀去拥抱挫折。女人用怀抱守护心灵的沃土，懦弱才不会乘虚而入；女人用胸襟交上生命的答卷，灵魂才会在美好的港湾停泊、歇息。

有野心的女人总会成功

在多数人的印象中，“野心勃勃”不像是个褒义词，尤其是当它被用来形容女人的时候。但人们赋予它的感情色彩抹杀不了它存在的意义，只有“野心”可以让一个女人拥有足够的力量脱颖而出。

一代女皇武则天是一个充满“野心”的女人，她凭着自己的聪明才智从“大唐”的一个小小的才人逐渐登上了“大周”的宝座，世人虽对她褒贬不一，但值得肯定的是她那份敢作也敢为的气魄和雄心。这份女人的“野心”是她成功的首要条件。

古时，武则天能把自己的“野心勃勃”撒在男人千百年来统治的疆土上，创造出辉煌的成就，处在现今社会的女人又何尝不能呢？现代社会是一个到处充满竞争的社会，也是一个需要“野心”的社会。多元化的社会竞争决定了多元化的可能与不可能。在这个没有任何定数的世界里，只要是人类能研究到的领域都存在着无限多的创新和机遇。这对一个对此视而不见的人来说无非就是多了一些新闻，可是对一个具有“野心”的人来说，这无疑是一个创造自我价值的最好时机。

生活中，许多极富潜力的女人就是因为害怕被人说成是“野心家”而畏缩不前、不敢奋斗、不敢冒尖。但是，为什么世界上做同样事情的人有很多，但有人失败有人成功，那些失败的人唯一缺少的，可能就是“野心”。因为，有了野心你才会不断地开拓和寻找，即使身处逆境，也仍不丧失奋斗的热情，这样的人才能不断开创人生，获取成功！卡耐基也告诫我们：既然生命不息，那就应该不断进取，超越自我。

巴拉昂是一位年轻的媒体大亨，以推销装饰肖像画起家，在不到10年的时间里，迅速跻身法国50大富翁之列，1998年因前列腺癌在法国博比尼医院去世。临终前，巴拉昂留下遗嘱，把他4.6亿法郎的股份捐献给博比尼医院，用于前列腺癌的研究，另有100万法郎作为奖金，奖给那些揭开贫穷之谜的人。

巴拉昂去世后，法国《科西嘉人报》刊登了他的遗嘱。遗嘱说：“我曾是一个穷人，去世时却是以一个富人的身份走进天堂的。在跨入天堂的门槛之前，我不想把我成为富人的秘诀带走，现在秘诀就锁在法兰西中央银行我的一个私人保险箱内，保险箱的三把钥匙在我的律师和两位代理人手中。谁能通过回答‘穷人最缺少的是什么’而猜中我的秘诀，他将得到我的祝贺。当然，那时我已无法从墓穴中伸出双手为他的睿智鼓掌，但是他可以从那只保险箱里荣幸地拿走100万法郎，那就是我给予他的掌声。”

遗嘱刊出后，《科西嘉人报》收到大量信件，有的骂巴拉昂疯了，有的说《科西嘉人报》是为了增加发行量在炒作，但多数人还是寄来了自己的答案。

大部分人认为，穷人最缺少的是金钱。穷人还能缺少什么？当然是钱了，有了钱，就不再是穷人了。有一部分人认为，穷人最缺少的是机会。一些人之所以穷，就是因为没遇到好时机，股票疯涨前没有买进，股票疯涨后没有抛出，总之，穷人都穷在背时上。另一部分人认为，穷人最缺少的是技能。现在能迅速致富的都是有一技之长的人，一些人之所以成为穷人，就是因为学无所长。还有的人认为，穷人最缺少的是帮助和关爱。每个党派在上台前，都曾给失业者大量的许诺，然而上台后真正关爱他们的又有几个？另外，还有一些其他答案，比如：是漂亮，是皮尔·卡丹外套，是《科西嘉人报》，是总统的职位，是沙托鲁城生产的铜夜壶，等等。总之，答案五花八门。

在巴拉昂逝世周年纪念日，他的律师和代理人按巴拉昂生前的交代，在公证部门的监督下打开了那只保险箱。在48561封来信中，有一位叫蒂勒的小姑娘猜对了巴拉昂的秘诀。蒂勒和巴拉昂都认为穷人最缺少的是野心。

在颁奖之日，《科西嘉人报》带着所有人的好奇，问年仅9岁的蒂勒，为什么想到是野心，而不是其他。蒂勒说："每次，我姐姐把她11岁的男朋友带回家时，总是警告我：不要有野心！不要有野心！我想，也许野心可以让人得到自己想得到的东西。"

野心，在英语中表达为Ambition，与雄心同义。在外国人眼中，野心与雄心无异，都是表达人的一种进取的欲望。在中国汉语中，雄心是褒义词，形容以天下为己任的进取精神；而野心则是贬义词，用于谴责为了个人利益而不择手段的人。其实，这个社会上，大奸或大善之人都只是人群中的极少数，绝大多数人既与"大奸"沾不上边，也与"大善"绝缘，大家都是尘世间平平常常的小人物，雄心、野心说到底都一样，统称Ambition。

著名主持人杨澜认为："野心应该是一个你不应该达到的目标，或者说以你的能力达不到的一个目标。"一个女人若想成功，一定要有野心，否则就不易在这个社会上有所作为。因而，在这样的年代里，对于女人来说，没有野心，也就不会有卓越的成就。一个女人，在生活中寻求的“变”的机会越大，就越有可能成功。“每一个成功的女人都是一个伟大的梦想家”一说便由此而来。所以，我们只有先有梦想的野心，才可能有以后的辉煌和成就。

“野心”是雄鹰翱翔的翅膀，是松柏挺立的根基，是一个人顶天立地的精神支柱。有了一颗进取向上的“野心”，就有了人生起飞的基点和动力。

事实上，任何事情要想做得出色都是需要很强大的内心欲望的，没有“野心”的女人内心动力不足，她们往往只会沦为人群中的平庸角色。总之，“野心”是人心中的一种进取的状态，无所谓褒贬，只要不是违法犯罪、祸害他人的事情，年轻女孩有一点“野心”又何妨？女人和男人一样可以拥有“野心”的权利，还可以实施“野心”的计划，过上“野心”的生活。虽然会被别人说成是没有女人味，但有一点不可否认，那便是人们在远离的时候不免会生出一丝敬意，佩服女人的豪气，欣赏女人的风采，赞叹女人的魄力。有“野心”的女人都是极聪明的女人，有“野心”的女人也都是成功的女人。

那么，你还怕什么？大大方方地做个“野心”女人吧——释放自己内心的欲望，大胆去追求，相信，你会是人群中光彩夺目的女人！

不做女强人，但要做个强女人

男人和女人对于某些形容自己的词汇，在解读上还是有很大的差别。形容一个男人是“强人”，对他来说，应该是一种恭维，表示他有能力、有气魄、有责任。称赞一个女人是强人，你以为是恭维，她多半会像被针扎了一般，以不太自然的表情推拒这个标签。她会以为，你是在暗讽她不够温柔体贴、缺乏女性特质。能够坦坦然然接受的女人，目前还真是凤毛麟角呢。

有好事者采访了几十位女性，在一个公开场合，如果有人向别人介绍你，说你是个“女强人”，你的第一反应是：

（1）赶快说：“我才不是女强人呢。”

（2）表面上不反驳，但心里有点不舒服。

（3）说“哪里、哪里，我还差得远呢！”

（4）欣然接受。

据调查，大部分女人的选择都是1～3，欣然接受的并不多。选择1和2的女人，都有害怕成功的倾向，只是选1者性急，选2者内敛；选3的人，肯定自己的成就，却还在和传统挣扎；选4的女中豪杰，并不多见。

在大学的一堂课上，女老师提出女人是强者的论点。男生们听后都嗤之以鼻，甚至还有不怀好意的男生出了一个问题刁难女老师：假如有三个男生和一个女生在一个渺无人烟的岛屿，而且还是人类还没有发现的一个海中岛屿。这种情况下谁能够成为强者？

女老师微微一笑，而后侃侃而谈道：“开始时男生就像恶狠狠的狼，女生是任其宰割的羔羊，但这种情况持续不了多久。不久女生变成了雄霸天下的老虎，男生不过是任其宰割的羔羊。道理很简单，男生为了争夺唯一而彼此决斗，一个被杀一个残废，获胜方变成了一只温顺的羔羊。”

男生们集体嘘声。

“不要认为我在胡说，有胆量的可以去做个实验，疯狂地爱上同学的女朋友，就会得到验证！”

“万岁！”女生们高呼。

这时又有一个男生站起来问道：“可是，可是在岛上的若是三个女的一个男的呢？”

“那样的话，女生自始至终是猛虎。她们不会为争夺羊羔彼此展开决斗，而是努力去吞噬更多的羊肉，分到更多的羊汤。”

“何以见得？”

“等哪位爱上有妇之夫，这条真理便会得到验证。所以说，女人始终要比男人聪明，是强者！”

这个小故事让人会心一笑，女老师的机智博得了人们的好感。但从这个故事中，我们也得到了这样一个结论：女人不是弱者。

人们常说“女人是水做的”。不错，事实的确如此，女人不像男人那样有强健的体魄和刚硬的性格，在社会中也往往处于被保护者的地位。但这并不代表女人就是弱者，女人虽然柔弱，但却有着男人无法比拟的韧性，以柔克刚是女人最强的武器。

姣好的容貌，并不影响处事的果断；优雅的气质，也可以作出正确的决策。女性魅力与职业能力，并非水火不容。事实上，许多职业女性“一半是水，一半是火”，既不乏温柔、细腻和亲和力，又精明、果断和能干。她们以女性特有的气质、风采，在职场长袖善舞，赢得了事业的成功。

女人并非只是扮演弱者的角色，有时候她的刚强是男人也比不上的，就像变成坚冰的水一样。所以，不要把女人当成天生的弱者，并且女人不应该成为弱者。女人的强，不像男人那样直接表现出来，它往往会在不知不觉中渗透。女人如水，水虽柔，却能“滴水穿石”，以柔克刚。

一位60多岁、充满坎坷的女人，在她刚嫁入夫家时，丈夫已失聪，还患有很多其他疾病，后来他们生了一个女儿，不幸的是，女儿得了侏儒症，且只有7岁小孩的智商。于是，一家全部的生活重担全压在了她一个人身上。

女人像一台受难的机器，始终不停地运转着。她是为了丈夫而运转着，为了侏儒女儿而运转着。面对如此大的苦难，没有尽头的苦难，她始终咬紧牙关。

对于这样的女人，我们怎能称她为弱者？即使是男人，遇到这样的家庭，又有几个能这样坚持一辈子？但女人却可以，而且还有很多这样的女人，为了贫穷的家庭不停地奋斗着，她们并不比男人弱。

女人是那可以穿越山峰、奔流到海的水。“弱者”这个词并不适合女人。而且，女人有自身的很多优势，那是男人无法匹敌的。

女性的就业优势有很多，如做事富有耐心和条理，手巧心细等，这些特有的个性，就是女性就业的优势，女性要善于挖掘这些优势。

女人的敏锐感觉，相对亲和力，还有女人的柔性，会让女人在事业起步时少了很多阻力，甚至女人的眼泪也是可以利用的，适时的示弱，放松敌人戒心，百炼钢成绕指柔，女人的手段多多，智计非凡。

女人，其实是在用柔弱的外表扮演着坚强的角色。不到万不得已，没有女人愿意做个女强人，但每个女人都可以成为强女人，只要你有一颗足够强势的心。

只需改变自己一点点

我们常说：世界上唯一不变的就是改变。这个世界处在不断地变化中，变是绝对的，不变只是相对的。只有承认改变，接受改变，把握改变，我们才能不断取得进步，突破自我，跟上时代改变的脚步。

埃莉诺起初并不热衷于政治，只因嫁给了罗斯福总统，才与政治结缘。为了帮助和支持丈夫，她积极地参与政治活动，学习罗斯福公众演讲的政治策略，不断地寻求新的突破。她曾说过：“你一定要去做不能做的事。”正是这种敢于挑战和突破自我的精神，带来她精彩的人生。

《中国美容时尚报》社长兼总编辑张晓梅女士，是“中国美”概念的首倡者，被称为“中国美容经济女掌门”。她也是一位勇于在改变求发展的成功女性。

张晓梅出生于一个军人家庭，从小随父母一起生活在四川一个偏僻山区的部队里。长期封闭的环境以及狭小的交际范围让她倍感单调无趣的同时，亦令她对自己的未来感到十分迷茫。参加工作后，张晓梅被分配到某部队的一军事研究所，从事计算机类科研工作。如果按照正常的轨道，她大可安稳地就此工作生活下去，并一步一步地走向更高的位置。但是，张晓梅发现，这似乎并不是她想要的，她希望找到一个人生目标，实现自己的人生价值。

尽管在工作中表现出色，但是经过一番深思熟虑之后，张晓梅最终还是决定转业。1988年，张晓梅离开了那个“有安全感、有保障”的舒适环境，她先是进入了中国香港的《亚洲风物》杂志社，做了一名记者。凭借着天资和勤奋，才两个月左右的时间，她就当上了社长助理。而在这家杂志社工作了1年后，她向社长递交了辞职。后者当时对此特别不能理解：“你们内地的记者能拿到我的一本记者证，是梦寐以求的事情，你为什么要离开这儿？”她说：“我很想独立地做一些自己想做的事情。”

1989年12月，这个渴望独立的女人在成都开设了自己的第一家美容院。随着生意的日渐红火，她的店面也越开越大，从最初的几平方米到一两百平方米再到几百平方米，她成功地淘到人生的第一桶金。

从部队转业，然后打工，最后自己创业，张晓梅用实际的行动完成了自己的职业三级跳，也最终找到了理想中的舞台。

同样不贪图安逸，勇于在变化中不断突破自我的还有凤凰卫视的著名主持人吴小莉。

1998年，由吴小莉主持的《小莉看时事》成为当年凤凰卫视最热门的节目，而这个在镜头前滔滔不绝的女人也因此成为凤凰名嘴。

2001年，吴小莉的身份悄然发生变化，她已经不仅仅是凤凰卫视的一个知名的主持人，她新的身份标签是凤凰资讯台副台长，同时，她还是中华慈善总会的形象大使，在更多的非新闻事件中，我们可以看到她的身影。

为什么转型？因为一位聪明的职业女性懂得在事业上的瓶颈期未到的时候，适时地转型，为自己的职业生涯注入新的活力。所以，如果能再有多一点的空余时间，她会去读书，读关于媒体管理的专业。从台前到幕后，虽然小莉一直在强调自己是一个从来不规划人生的人，只要是大方向对了，一切都顺其自然，但其实细心的你会发现，她又在敏锐地往前跳了一步。没有人能随随便便成功，吴小莉已经张开了双臂，迎接那随时可能降临的机会。在她这里，机遇不会擦肩而过，也不会敲错门，因为，其实她早就等在了那里。

很多人说吴小莉是一个善于把握人生的人，把家庭和事业都经营得很好。但有人总会觉得这样很不真实，怎么可能一个人就没有点波澜起伏的事情，而总是一帆风顺？小莉承认说："其实每一年也会给自己新的突破、定位，每一年都在想让自己有新的变化。但后来明白，可能是做一个职业新闻人，你的职业比你本人的变化更快，比你的风格变化更快，所以有些时候，你还没来得及变，新闻在变，所以你也得变。"

"所以后来索性放手，不为自己限定目标，因为一路走来，总会看到路边有很多自然风光，这样不经意间地采集而来，反倒有意想不到的惊喜。所以只要大的方向确定，就会一直走下去。碰到机会了，就抓紧机会，突破原有的束缚，静悄悄地转了型。"

吴小莉并不是刻意转型，她对大部分事情都认为顺其自然就好，却唯独对"快乐"二字是用心经营的。在复杂的成人世界中寻找儿时单纯的快乐实属不易，小莉自言在内心有一种对抗伤害的堡垒，痛苦也因此得到化解，从而保持健康的心理状态。对她而言，她希望能一直保持现在这样"阳光"的心态，而经营的方法其实也很简单，就是按部就班地，一步步把每一件事情做好，等待下一个快乐。我们都需要这样一份定力与智慧来经营"快乐"。

今天，很多年轻人在不适合自己的岗位上耗费着时间和精力，想追求自己的梦想却又害怕改变。有时候，人生的逆转要的仅仅就是这样一点勇气。当你用尽办法也不能在现在的职业中实现自我价值的时候，请鼓起勇气改变，过多地思前想后只会贻误战机。赶快行动起来吧，在实践中突破自我。

没有安全感，是因为从来不冒险

女性本身总有一种不安全感，这使得她们特别眷恋安稳的感觉，养成一种名为“懒散”的毛病。而平凡的女性，之所以一生无大的成就，因为她们一直在追求一种安全平稳的生活，一旦得到比较苟安的位置，便想固守不求进取了。这样，她一生只会机械似的工作，挣取勉强够温饱的薪金，以静待死神的光临。

斯通指出：“生命是一个奥秘，它的价值在于探索。因而，生命的唯一养料就是冒险。”那些眷恋安稳的人们在开始做一件事情之前，总是会做过多的准备工作。她们认为每一项计划和行动都需要完美的准备。她们只在自己熟悉的领域搭建一个舒适的温室，将“在家靠父母，出门靠朋友”这句话彻底执行。她们不敢向陌生的领域踏出一步。对生活中不时出现的那些困难，更是不敢主动发起“进攻”，只是一躲再躲。她们认为：保持自己熟悉的一切就好。对于那些新鲜事物，还是躲远点好，否则，就有可能被撞得头破血流。安稳，是一个陷阱，让她们丧失了斗志和激情，她们不敢打破固有的生活方式，不敢寻求新的改变，结果在懒散之中松弛了自己的皮肤和精神，犹如一个八十岁老妪一般。

西方有句名言：“一个人的思想决定一个人的命运。”做任何事都要求安全感，不敢挑战冒险，是对自己潜能的否定，只能使自己的潜能不断地缩小。对此，卡耐基给我们的忠告是："你必须信赖你自己的精神力量、能力、经验。如此一来，你的人生才能得到完全的改变。"作为女人，如果能够突破"安稳"这一关，你的人生就可能会有很大的改观。

成功者都是勇于挑战和勇于面对挑战的人。成功者不会安于自己的现状，他们敢于冲出牢笼，寻求自己想要的生活。

二十几岁的女孩，不管你的外表是美的还是丑的，也不管你的心智是聪明的还是愚笨的，都要凭着自己的心性去过自己想要的生活，而不要被"安稳"的陷阱温柔地杀死。多一些冒险精神，做一个独立的个体，经济独立、事业进步、感情丰富、理智，这样的女孩永远自信快乐，这样的女孩也永葆青春。

将自己的优势最大化

女人在开始选择人生的道路时，不要考虑怎样赚钱最多、怎样最能成名，你应该选择最能使你发挥才华的地方。每一个人，无论他出身贫贱还是高贵，如果他能认识到自己的强项，并坚持在正确的道理上，那么，无论什么人，都不能阻止他的发展。

中国台湾的皮毛大亨虞文先生，生于一个数学之家，父母都是数学界的知名学者。

当然父母更希望他们的孩子将来也成为数学泰斗。于是夫妇俩从小便向虞文灌输各种数学知识。

但不知为什么，小虞文却无论如何也对数学提不起兴趣，却对经商表示了极大的关注。他在夜里偷偷地学习有关商业及商业管理方面的知识，后来几乎到了如饥似渴的地步。

但他无法违背固执的父母的意愿。成年后，他不得不到父亲所在的学校里教数学。但他知道，数学绝不是他所长。他时刻在争取机会去商场搏斗，他相信，他的知识，足以使他在商界成名。

终于，他的父母放弃了对他的要求，却不向他提供任何帮助。

若干年后，积累了丰富商业知识的虞文终于成为首屈一指的皮毛大亨。

这个故事告诉女人：要想成功，就必须把时间和精力花在经营强项上，而非去弥补自己的弱点，这样才能获得成功。

一位作家曾经说过："一个人所成就的事业，必然是这个人的特长。"舍长取短是天下最愚蠢的人才做的。

世间有数不尽的人，由于选择了适合于发挥自己长处的职业，并由此青云直上，成为众多成功者中的风云人物。

"我还是能干一些事情的。"彼得向老板恳求道，因为老板要解雇他。

"作为一个推销员，你根本不够格。"他的老板这样认为。

"我相信我能成为一个有用的人。"他争辩说。

"你怎么成为一个有用的人？"老板开始嘲弄彼得。

"您只是别把我赶走，请让我试一试其他的工作。"

"我知道你什么也干不好，用你本来就是我的错。"老板挖苦说。

"但无论如何，我都是有些用处的。"彼得坚持认为。

终于，他的恳求被同意了，他暂时到会计那里帮工。在那里，他在会计方面的天赋很快就有了用武之地。

几年以后，他不仅成了一家大百货商店的负责人，而且还是个出色的会计师。

女人最明智的选择就是发现自己的长处和短处，找准自己人生的位置，即定位准确。很多女人浪费机遇，做出了错误的选择，所以一事无成。这是教训！

而一旦找到了人生准确的位置，就不要再左右摇晃，而是应该付出所有的才智和精力，只有这样，你才会拥有一个不平凡的人生。

多年前，有一位男孩愿意牺牲一切，只为成为一名歌剧演员。他的父母花钱让他上课，就像如今的父母，花钱让小孩上音乐课、舞蹈课一样。但是经过几年的练习之后，他的老师对他成为职业演唱家，不抱任何希望。“孩子，”老师告诉他，“你的声音听起来就像风吹着百叶窗！”然而，那个男孩对自己所选择的人生道路十分自信，他依然像平时那样，每天在房间里练习自己的歌唱技巧。

后来，他的母亲把他送到另一位更有经验的老师那儿学习。为了支付儿子的学费，她没钱买新鞋，有时甚至挨饿。这名男孩后来成为他那个时代最伟大的男高音歌唱家——他就是卡罗索。

如果一个人用他的短处而不是长处来工作的话，他就会在永久的卑微和失意中沉沦；反之，如果他选择用自己的长处来工作的话，则会发挥无限潜能而成功。智慧的女人，请务必找到自己的优势项目，为它进行充值。

从自我中走出来

对于女性来说，在这样的开放时代，要想获得事业的成功，掌握自己的命运，或者与时代俱进、与世界同步、与他人和谐，就必须努力打造一个开放式的人生，从自己的“小盒子”中走出来。

“在我人生的字典中，‘开放’是一个最有魅力的字眼，因为有了这两个字，四分之一的地球公民有了尊严。我是中国十三亿人口中的一员，对这个字眼我心中充满了感激。

“开放是时代的趋势，体现着互联网的精神，任何一个个体在时代趋势面前都会显得微不足道，常常是时代的浪涛冲刷着那些不开放的障碍，最后开放变得不可阻挡。所以，主动的开放就是弄潮儿，而被动的开放抵抗则是残缺的石岸。”

中央电视台《赢在中国》总制片人和主持人王利芬这样表达了她对“开放”的了解。

CCTV 2每周二晚上播出的《赢在中国》是我国目前最受关注的财经节目之一。这个节目吸引了无数个怀揣创业梦想的选手前来参选，著名的企业家马云、牛根生、熊晓鸽等担任嘉宾。而这个节目制作的成功，和总制片人、主持人王利芬在海外学习的见识和思考是分不开的。

几年前，王利芬在美国布鲁金斯协会的中国中心进行电视研究。偶然一次机会，她看了NBC黄金档节目《学徒》，大受启发，开始思考是不是可以借鉴美国模式办一档中国商业人才选拔的电视节目。

因为眼界开阔，王利芬想到了借鉴国外成功电视节目的好点子，但《赢在中国》最终能成功，还得益于她思路的开放：完全照搬必死无疑，因为美国《学徒》中的价值观和中国人的价值观并不吻合。经过深思熟虑，王利芬终于找到了一个中国化的主题——“励志、创业”，因此才有“励志照亮人生，创业改变命运”的《赢在中国》的诞生。

从她的话中可以知道，我们要跟上时代潮流，就必须开放自己。大学教授要想接触到更现代化、更系统的知识，就必须走出国门与国外学者交流；商家想拓展业务，就不能盲目地垄断市场；学生想学到更多的知识，就必须克服胆怯与老师同学交流，进行社会实践；农民想获得更多的收成，不能只是埋头耕耘那一亩三分地，需要多读书、多看报、多看电视，获取最新的农经信息；而女性要想成事，就必须从自己的小圈子里走出来。

开放的人生来源于开放的思想，开放的思想来源于开放的眼界，开放的眼界来源于开放的行动，开放的行动来源于开放的知识。我们生活在一个不断开放的国度里，就不能封闭在自己的小盒子里，而要以开放的胸襟、开放的思维、开放的勇气、开放的行动，建设一个不断开放、不断进步的人生。

摒弃依赖心理

大多数女性都有很强的依赖心理，尤其是在男人面前，这种心理会变得更强烈，她们像一只弱小的动物，希望眼前的这个男人可以保护自己，给自己依靠。其实，不管是爱情婚姻，还是工作办事，依赖导致的最终结果是失败。独立才会有大发展，作为女人，要想成事就要像切丽·布莱尔一样，独立起来。切丽·布莱尔贵为首相夫人，但她仍没有放弃自己的律师职业，并靠着自己的努力荣膺“御用大律师”的最高荣誉。她说，她为一直拥有自己的生活而骄傲。

的确，女人要人格独立才能活出风采。女人们不能做藤而要做树，不要老想着依靠别人，要能够自立。唯有自立，你才能掌舵命运的航程，主宰自己的人生。

曾在无意中看到这样一句话：“女人一独立，上帝就发笑。”上帝为什么会发笑？是因为女人的独立吗？不，不是。女人有独立的权利，女人需要靠自己，但女人在这一方面却往往做得不彻底。美国女诗人沙拉·默顿有一种说法：“属于男人的，是事业、尊严、权力和欢乐；而对于女人来说，只剩下了义务、家庭、美德，还有宁静地顺从的愉悦。”这样看来，很多人所谓的女性独立都是围绕着男性世界而言的，这样女人又怎能够独立？

其实真正的独立，可以理解为不断地完善自己，同时也能促进自身的进步。它最终体现在现代女性在物质生活相对丰富之后，对精神自由的渴望和追求。独立不在于你有多大的财产，不在于你有多么相爱的男人。女人只有在摆脱了男人的限制后，才能真正地依靠自己。女人独立是精神的，是气质的，是绝对不依附于任何人之上的，“绝不学攀缘的凌霄花，绝不学痴情的鸟儿”。

许多女人都抱有一种学得好不如干得好，干得好不如嫁得好的观点。这不光是女人的悲哀，也是男人的悲哀。像唐代美女杨贵妃，嫁了个皇帝，应该是嫁得很好的了，可惜自己不懂得珍惜，不懂得辅佐皇帝操持国政，天天只是想着要如何去取悦皇帝，完全没有了自我，最后还是被皇帝赏赐了一条白绫在荒郊野外结束自己短暂的一生，也给自己留下了祸水的骂名。

每一个成功的女人，不管外表是美的还是丑的，也不管心智是聪明的还是愚笨的，都要凭着自己的心性去过自己想要的生活，而不要依附于某一个人，心情也不要随着别人的心情潮起潮落，做一个独立的个体，这样的女人永远自信快乐，这样的女人也是男人心甘情愿为之效劳、为之追逐一生的成功女性。

事业是女人最华丽的背景

“我必须是你近旁的一株木棉，作为树的形象和你站在一起。”《致橡树》里所推崇的独立是成功女人的信念。爱情不是支撑你生活的全部，女人想要成为树木，就必须找到能够让自己坚强地扎根于土壤的东西，事业无疑是最好的选择。

依附在男人身旁的女人，不仅女性的深层魅力难以体现，还容易让自己陷入悲苦的境地。

日本著名电影《被嫌弃的松子的一生》中的女主角松子，就是这样一个把自己的希望寄托在别人身上的人。松子是学校教师，天性善良的她为自己的学生顶替偷窃的罪名而被学校开除。因为总觉得父亲偏爱妹妹，她离开了家。之后松子与一个有暴力倾向的作家同居，受尽折磨却始终不愿意离开他。作家自杀后，松子与有妇之夫冈野发生不伦之恋，她又把希望寄托在情人身上，结果对方妻子发现后，情人立马和她翻脸了。

此后松子又经历好几次恋爱，她每一次都对男人付出自己的真心，希望和对方白头偕老，结果却屡遭抛弃，甚至还给她带来了牢狱之灾。到了五十岁松子依然是孑然一身，过着单身的隐居封闭生活。她在牢中认识的朋友希望给她一份工作，但她慌乱地拒绝了，因为她对自己毫无信心。而当她意识到自己曾经的理发手艺还没有忘却时，她的人生似乎出现了转机。可是命运却不给她机会，她在寻找朋友的过程中遭到一群地痞的殴打，死在了枯竭的河川旁。

松子是一个渴望得到爱的女人，她追寻爱的勇气和决心让人感动，但是她把自己的人生完全寄托在寻找到一个可以依靠的男人身上，这样就太可悲了。她曾经也当过理发师，手艺不错，完全可以凭借它拥有平静、幸福的生活，可惜却为了男朋友执拗地放弃了。我们痛惜松子的一生，并且希望这样的经历不要在其他的女性身上重演。

从现在开始，你就应该树立这样的思想：不把男人当作经济支柱，而把事业作为自己最华丽的背景。这样的女性才最能展现出“新世纪”女性的风采。

海伦·凯普兰是一个工作中的美丽女人。她小巧玲珑，利落明快，像是可以应付任何事的女人——事实也是如此。她出生于维也纳，在塞拉库斯大学念艺术。和很多女孩一样，她接受了母亲的老观念：“女人一定要嫁个金龟婿。”她21岁结婚，后来离婚。她说：“我母亲——她代表有同样想法的亿万人——认为我嫁给一位成功的男人，情况将会好得多，我自己事业成功则不然。在母亲的眼中，如果我逮个金龟婿，才算幸福，这才是成功。但是我从小所接受的教育是嫁一个成功的男人——而非自己追求成功。我是位分析家，但直到最近我才明了自己轻率地接受了很多母亲的价值观。”

她开始拥有自己的事业，成为一名心理学家。她说：“年轻时，我想做一位心理医生，但我觉得自己不够聪明，没资格进医学院。大学时我与心理学家约会，嫁给其中一位。之后我才发现：我要做一位心理医生，而不是嫁给心理学家。”她的工作涉及很多女性羞于提及的“性”，她甚至成为性爱治疗上的先驱工作者，著作《新的性爱疗法》让大众重新了解“性”，专家也对她推崇备至。她说：“我在专业上有所成就，工作愉快，追求做一名演说家，有好朋友、乖孩子和一幢舒适的公寓，和世界上任何人都相处融洽。”

工作不仅让女人自己拥有了经济独立权，从根本上脱离了男人的控制，而且也能赋予女人非同寻常的魅力。工作，让女人走出了狭小的家庭生活空间，让女人的视界开阔，心也随之澄明起来；工作，让女人发现了更能凸显自己个性价值的方式；工作，也最能让女人找到自己的尊严。热爱你的工作吧，让你的生活锦上添花。

能力，女人最极致的性感

工作中的女人，即便没有姣好的面庞、妖娆的身段，也别有一番韵味。谁说精明能干的“白骨精”没人追，不过是有的男人自惭形秽从而望而却步罢了，其实在他们心里也不否认，工作中那些自信、有魄力，积极进取、独当一面的女人，从骨子里也透出一分性感来。

年轻的沈星接任《综艺大观》的主持时，在别人看来，都觉得她压力很大。毕竟，倪萍的雅俗共赏、成方圆的洒脱大气、周涛的亲切随和已经树立了太高的标杆，看似已不可逾越。但沈星却并不紧张，她有她的风格，那就是轻松、快乐。她很快就融入制作团体，经过充分的准备，她终于得到了观众的认可。

沈星就是那种心态从容的女人，自己来把握生活的节奏——想让它快一点就快一点，让它慢一点就慢一点。她属于那种心里常常会有满足感的人，自己保持健康、美丽，和朋友相处融洽，为妈妈买件衣服，爱人的温柔甜蜜，都可以使她处在愉悦的状态中。她的工作和生活是截然分开的。闲下来，她常常阅读，每天都可以读两个小时以上。自己也会写写东西，常常写采访日记，记录心情。她的生活比较舒服，也就是人们常说的张弛有度，休假的时候是不会再想单位的事情，一点压力都没有。

她成熟、理性，每时每刻都知道自己想干什么，这一点对于一个女人来讲很难得。“对什么事情都有一个明确的态度，什么样的事情让我感到快乐，自己在哪个阶段要什么。做人不要患得患失，什么都搞不清楚、傻人傻福的人也很好，容易得到快乐。”

她不喜欢勉强自己，做到尽量尊重自己内心的感受，不想做的绝不敷衍，在这个基础上，服从自己的选择。正是这份淡定的心态支持她获得了成功，她的恬淡、优雅，怎不教人欣赏。工作中的女人是美丽的。她们胸襟宽广，经常为别人着想，从对方的角度出发，体谅别人，当然，她们也能获得所有人的理解、支持和尊敬。

有一位加拿大女移民，刚刚来到加拿大中部的一个城市，巨大的国别差异使她很新奇。最初，为了适应生活，的确有很多不便之处。

在办理各种居住手续的同时，她每天背着相机跑遍城市的各个角落，拍下几百张照片。然后，把办理出国定居的种种细节连同这些照片贴在个人网站上，好让所有情况类似的朋友不再遇到她所遇到的麻烦。结果一传十、十传百，越来越多的人开始访问这个网站。

后来，她注册了辰文信息网www.winnipeg.com。两年内，她凭借对这个城市的观察和信息收集，以及拍摄到的春夏秋冬不同风情，筹备建成了这个新网站。在网站域名中，C是China、Chinese的意思，它的谐音则是See或Take a look，就是希望华人能通过网站更多、更真实地了解这个城市，看看这里的华人生活，知晓中华文化在这片土地上的成长发展，与大家分享各种见闻、经验。后来，新来的人和国内的准移民越来越多，电话咨询不断，她觉得有必要在网上提供更多当地的日常生活信息，例如餐馆、车行、购物，哪家比较好？租房、买房、买车，该去找谁？她的想法加上国内同行的技术支持，很快做出了专业水平的网站。目前已经有很多华人和中国商家，通过网站注意到这个城市，她的信息网功不可没。因为最初想要方便别人的想法，她居然找到了一份最适合自己的工作，并做出了一番事业。

能力，是女人最极致的性感。她们充满朝气、充满活力，从身旁走过像阵风，工作起来亦伶俐果断，聪敏过人。这些女人，她们在追求自己独特的气质和内涵，纵然其容貌并不是国色天香，但其精神焕发、光彩照人，却是从内心深处焕发出来的一种感染人的力量。无怪乎现时流行着一句话："努力工作的女人最可爱。"因为努力工作的女性时常焕发一种蓬勃的气息，一种奔放的精神，一种真正的女人味，这样的女人，才真正活出了女性的风采，活出了自己精彩的人生。

第十章

知性地沉淀在岁月里

- 美丽，不是女人的全部身家
- 精品女人的姿本、知本、资本
- 才女请打扮，美女请充电
- 书中自有颜如玉
- 女人的知性美源于书香
- 比漂亮女人聪明，比聪明女人漂亮

美丽，不是女人的全部身家

女人的美丽是为了征服，但是征服不能仅仅靠美丽。拥有美丽的女人，比别人多一份资产，但绝对不是全部的身家。

美丽，只是第一分，后面还有九十九分需要更多的准备和努力。

国外一家大型网站上的金融版上总是有一些很有趣的帖子。有一天，一个年轻貌美的美国姑娘就在上面发了一个询问帖子，主题是“我怎样才能嫁给一个有钱人”，内容如下：

我今年25岁，很漂亮，谈吐优雅，有品位。想嫁给一个年薪50万美元的人。你们也许会觉得我贪心不足，可是，对于你们这个年收入100万美元还算中产阶级的富豪层来说，我这个条件并不过分。

这个版上有年薪超过50万美元的吗？你们有单身的吗？我想请教一个问题：怎样才能嫁个有钱人。我曾经跟人约会过，可是最有钱的也只有年薪25万美元。要想住进纽约市中心的豪华区，这个数字远远不够，所以我诚心来咨询几个问题，希望有好心人能够如实地回答我。

一、有钱的单身汉一般都会在哪里打发闲下来的时间？

二、我把目标定在哪一个年龄层比较好？

三、为什么富豪的妻子都长得相貌平平？我看过一些富豪太太，她们长得并不好看，更没有什么吸引人的地方，可是她们凭什么能够嫁入豪门？

四、富豪们是怎么决定谁能做自己的女朋友，谁能做自己的妻子的？

备注：我是带着结婚的目的来发帖的，希望大家不要以为我只是在开玩笑。

波尔斯女士

这个帖子引起了很多人的注意，甚至一些富豪背地里也开始讨论，但是一个华尔街的金融家明确地给予了回复：

亲爱的波尔斯女士：

你的帖子引起了我的极大兴趣，相信很多女性也跟你一样，存在这样的疑问。现在，就让我以一个投资家的身份来回答你的问题吧。我的年薪超过50万美元，所以请你相信我不是在这儿浪费你的时间。

从一个生意人的角度来看，跟你结婚是一个很糟糕的决策，理由如下：你所说的婚姻是在“财”和“貌”的交易的前提下发生的。甲方提供给乙方漂亮的外表，乙方提供给甲方富裕安定的生活，看似很公平，谁也没有损失。可是，这里有一个致命的问题，你的美貌会消逝，而我的钱财却不会无缘无故的缺少。而且，事实是，你可能会因为年纪的关系一年比一年不漂亮，可是我却有可能通过努力一年比一年有钱。因此从经济学的角度来讲，你是贬值产品，而我是增值产品，两者的交换并不是等价的。再过五年甚至十年，当你的美貌退步，那么你的价值很令人担心。

在华尔街，一旦价值下跌的产品就要立即抛售，而不宜长期持有，也就是你要的婚姻是不可能成立的。如果人们有这个需求，可以去租赁，但是不会购买。年薪超过50万美元的人可不是傻瓜，他们只会选择跟你交往，而不会跟你结婚。

希望我的回答能够让你满意，顺便说一句，如果你对“租赁”有兴趣，可以跟我联系。

罗波·坎贝尔（摩根银行多种产业投资顾问）

这两个帖子的内容堪称经典。这个男人冷静地回答了女士的问题，也很全面地分析了男人的心理。很多女人想嫁给有钱人，在这一方面，年轻的女人表现尤其强烈。她们对爱情抱有虚荣的想象，希望通过婚姻实现自己理想的生活，让自己的后半生无忧无虑，所以嫁给一个“钻石王老五”，是很多年轻女人的梦想。

有一些觉得自己有几分姿色的年轻女人，把“年轻”和“美貌”作为资本，觉得自己的条件并不差，可是，男人并不觉得那是你的本钱。因为他们很清楚，女人的年轻是留不住的，美貌也不过是与青春同在，不可能永远地跟随一个女人。可见美貌并不是女人的全部身家，女人要想过上好日子，唯有靠自己的努力，让自己变成一个有实力的人。因为女人的光鲜就那么几年，以后要拼的是道行和实力，而不是脸蛋，只有有实力的女人，才有能力让自己过上理想的生活。

精品女人的姿本、知本、资本

女人都想摇身一变成为精品女人，如何修炼自己才能成为精品女人呢？有人总结了精品女人的三个“本”。

第一个“本”是“姿”本

不知在何时，我们悄然进入了“姿”本主义时代，虽然笔者并不认同把姿色排在第一位，但不可否认的是，如今这个社会以貌取人的现象还是很严重的。其实也可以理解，“爱美之心人皆有之”，我们都喜欢美的东西，无论是男人还是女人。

以貌取人是不对的。但是，实际交往中，我们还是不由自主地倾向于长相好的人，或者说得更具体深入一点就是形象好的人往往大受欢迎。

犹太人有这样的教诲：人在自己的故乡所受的待遇视风度而定，在别的城市则视服饰而定。这是说，对一个人的评价在故乡并不受衣着的影响，因为人们了解他的言行。但一个人如果到了他乡，人们要评价他就得看他的外貌特征、衣饰装束和言谈举止了。可实际上，即使是在自己的故乡，即使你再学富五车，衣衫褴褛的形象也绝对不会博取人们的好感。

天津女孩张静，因为缺乏“姿本”，在职场沉浮千余次，仍没有找到一份满意的工作。迫于生计，她决定通过整容来获取更多的“姿”本，美容院帮她实现了从“丑”到“美”的跨越式发展。有了“姿”本的张静再次求职，很快就开启了美丽人生。

好在我们生活在这样一个张扬的时代，美的定义早已多样化，无论你是否天生丽质，都可以把自己打扮得很优雅，优雅来不了也还可以很个性，所以“没有丑女人，只有懒女人”。多花一点时间保养自己，尽量多地留住青春，就是我们每个女性的当务之急。当然光阴并不是很多，因为我们还得用很多时间去争取另外两个“本”！

第二个“本”指的是知本

这是三个“本”中唯一一个只要肯努力就可以得来的东西，而且我非常认同这样一个观点——学习是一件终身的事情。上学期间大家读的书都差不多，离开学校之后其实才是真正分出高下的时候。有的人大学毕业后一年都不看一本书，吃的都是以前的老本，总有一天会山穷水尽。而我一直敬佩那些拥有良好读书习惯的人，不论何时何地，读书都是他们一直坚持的事，于是，他们就变成了“渊博”的人；于是，他们的人生就更为丰富。

读书以外，知本还包括其他的技能，在生活和工作中游刃有余的女人，一定是那些掌握了很多技能和经验的女人，才能在人群中脱颖而出。

“大笑姑婆”吴君如并没有惊艳的美貌，但她的演艺事业长盛不衰，这与她勤奋、敬业、积极学习的态度是绝对分不开的。和同辈女星比较，如刘嘉玲、邱淑贞所走的性感路线，张曼玉的玉女路线，吴君如似乎得花更长时间才能找到属于自己的定位，入行时的运气也好像不是那么顺利。当时正是新艺城带动的喜剧热潮，加上自己外形的限制，吴君如常常得扮演电影里头被消遣挖苦的角色，如果说周星驰的片子经常丑化女星，那吴君如可要算是第一代的扮丑女艺人。

不管是艳星、玉女，都显示了以男性视角出发，由男人的眼光来决定的女人在影坛乃至社会应该或可以扮演的角色。而扮丑却可以挣脱“花瓶”之嫌，锻炼演技，加强自己表现力的厚度和深度。幽默十足的角色更能与观众沟通，拉近了银幕上下的距离。当同辈女星都能以美艳动人的姿态出现在银幕上，而自己却得被百般糟蹋调侃时，我们可以想象吴君如内心曾经承受的压力和经历的挣扎。不过她却毅然接受安排，豁达开怀地扮演了大家心目中不美的角色，精湛的演出，同样让观众接受了她。

2003年吴君如凭借《金鸡》摘得金马影后的桂冠，再次证明了她的选择是正确的。《金鸡》是一部笑中有泪的香港奋斗史，用幽默搞笑的情节表达厚重的内涵，引起了无数港人强烈的共鸣。

第三个“本”则是资本

都说21世纪的新女性要独立，而独立女性的第一条标准就是经济要独立，连养活自己都成问题，怎么谈得上独立。

以前听朋友说过，二十岁的女人要漂亮；三十岁的女人要聪明；四十岁的女人要有钱，这样才比较理想。我倒觉得，无论哪个年龄，只要你的钱财是通过自己的努力得来的，那当然是多多益善。就像俗语说的，“谁有都不如自己有”，唯有自己的腰包足了，心里才更踏实！所以，挣钱要趁年轻。

很多女人寄希望于寻找一张“长期饭票”，把自己的一生都依附于男人，乍看之下不失为一劳永逸的方法，但是寻找长期饭票也要承担风险，不仅要考虑饭票的“有效期限”，还要承担靠外表拴住男人的“折旧”风险，当婚姻破碎时，金钱纠纷很容易使男女双方恶语相向，而受害的一方，往往就是没有经济实力的女性。女人有钱，不只是为了追求享乐，还要确立为自己做主的权力。

另外，很多朋友推崇夫妻之间的AA制，认为这样自己和老公不容易因为经济问题产生矛盾，当然这样对于女性来说，压力普遍会大一些。但花自己的钱底气更足一些，所以，一直要努力工作!

姿本、知本、资本，这就是成就精品女人的三个本，倘若做到了这三方面，那么，你一定是一个成功而幸福的女人!

才女请打扮，美女请充电

女人，有了美貌无疑便有了涉世的筹码、骄傲的资本。但在现代社会里，比美貌更动人的是美德与才气。当美丽可以大量复制后，才华更显得珍贵。

著名节目主持人杨澜曾说过，从没有人说她长得漂亮，她自认为长得很一般，但她从未因为无“花容月貌”而难过，反而觉得长相一般的女孩容易在其他方面努力。因为知道自己不管如何打扮都不可能光芒四射，那只好多看几本书，多做些别的事了。

杨澜曾现身说法：“我想‘漂亮’一般光是指外貌，女性美的表现在于一种母性，不管她是不是做妈妈。另外，我觉得女人的美丽更主要是在思想方面。我曾经问过许多大导演：‘你们整天生活在美女堆里，是不是老要动感情？’他们就说：‘没有，许多女人只有漂亮的脸蛋，根本没法触动我们。’所以，一个女人的思想很重要，如果跟不上时代，总以为搽脂抹粉就可以留住男人的心，我觉得那是一种妄想。只有在思想上不断挑战他，才会给男人一种新鲜感和刺激感，这非常重要。”

杨澜从来没有接触影视剧的打算，尽管许多的导演都找过她。她的矜持让她无法接受这个行当。“我没法接受是因为很难有一部戏不让女主角与别人拥抱或接吻。”严肃而深刻的思想使得她与那些人无法亲密接触。优秀的女人还应当是追求完美人生的女人。杨澜有一种不变的观点，事业对她很重要，但完整的人生更重要。“所以我会选择在适当的时候结婚、生孩子。人生对于我是全方位的，不是只有事业这一方面。”

“踏破铁鞋无觅处，得来全不费工夫。”往往越是我们不看中的东西，得到却很容易。杨澜一直不想当选什么美女，但她的照片上了一家杂志的封面，并被称为“本世纪最美的亚洲美女”。对于这件事情，杨澜这样分析：

“我觉得漂亮这个事绝对是一个很相对的、很个人化的一种观点，这好像是命运在开玩笑一样，就是这么一种很普通的感觉。人的长相是父母给的，还是要自己喜欢自己。但是有一个说法，我挺喜欢的，它说，女人30岁以前的相貌是父母给的，30岁以后的相貌是自己给的。我觉得这个话要这么理解，就是说你所积累的你的个性、你的气质、你所受的教育背景可能会在你的青春高峰过了以后，越来越显现出来。也有一个说法，你如果要去看一个女人美不美，应该看她在50岁的时候是什么样子。那个时候，是她一辈子修行的结果。那我希望我到50岁的时候是一个漂亮的老太太。”

众所周知，美貌是会随岁月的流逝而消逝的，而才情则是永存的。聪明机智的头脑和学而不倦的热情，才是真正的无价之宝。

女人的美有两种最基本的划分：一种是外在的形貌美，一种是内在的心灵美。

外在美的女人是自身美的凝聚和显现，它既能给自身以极大的心理满足和心理享受，又能给他人以视觉上的美感，使人赏心悦目。追求外在的形貌美，是女人的本能天性，不应加以禁锢和压抑，而应该从美学上加以积极引导。

内在的心灵美可以给人留下难以磨灭的印象。内在美驾驭着外在美，是女人美丽的源泉。正因为有了内在美的存在，女人才能真正成为完美的女人，才能让人产生由衷的美感。所以说，内在美比外在美更具有无可比拟的深度与广度。

女人可以不美丽，但不能没有才情，才情能重塑美丽，唯有才情能使美丽长驻，能使美丽有质的内涵。人的追求不完全来自外貌，它主要来自人的内在力量。漂亮自然值得庆幸，但光有好的外表，却没有内在的才情，漂亮的脸蛋就如同纸花一般没有生气。而现在，由于媒体和广告铺天盖地的宣传，很多年轻的女孩子远离了琴棋书画的滋养，且过分注重外表的修饰和打扮，她们的衣服脸蛋越来越精致，但心灵却越来越贫瘠。当她们越来越流连于外在的“雕塑”时，她们是否还能明白这个世界还有一种比外表更让人眷念、怀念的美——那就是才情之美。

一代佳人“林黛玉”的扮演者陈晓旭已不幸“香消玉殒，芳魂远逝”，她诗意迷蒙的眼神，多愁善感的才思却深深地烙在了人们的心头。人们爱怜她纯净高洁的心灵，珍视她带给世间的一笑一颦；人们悲痛她的离别，但也永远怀念她的凄美。她虽然过早地离开我们，但在我们心中，她会一直跟随我们走下去，而且她不会衰老，她永远都是《红楼梦》中那个秀丽柔美的林妹妹。与她类似的还有翁美玲、梅艳芳、费雯丽、奥黛莉·赫本等一大批历久弥香的美丽女人。你或许会说她们本就秀色可餐，但生活中像她们一样漂亮迷人的女人并不少见，尤其是娱乐圈更是美女如云，她们之所以能从芸芸众生之中脱颖而出，成为人们心目中经典永恒的人物形象，关键还在于她们过人的才华和细腻空灵的情思。

固然，丽质天成是一种难得的优势，但光有外在没有内涵，看得太久也会“审美疲劳”，更何况这个世界人造、天然的各式美女应有尽有，多了也就习以为常了。这就好比一部电视剧，里边光是些完全“不入戏”的美女，你恐怕也提不起任何兴趣，就是男人，估计看多了也大有呕吐之势。人们宁愿欣赏诠释到位但外表不够美的演员，也比忍受“矫揉造作”的美女要强。

想当年，戴安娜王妃为了取悦王子，保持苗条的身段，在吃下东西以

后就开始呕吐，后来发展成为不可遏止的呕吐症。对此，查尔斯并没有心怀感激，相反，他厌恶地回忆：“我的蜜月充满了呕吐的气息。”查尔斯跟戴安娜离婚的时候，戴安娜的三围是35-28-35（英寸），被美容专家称为“魔鬼黄金比例”，一个身材完美的弃妇。

但是那个又老又丑，却让王子痴恋了几十年的卡米拉，连谴责她破坏皇室婚姻的熟人都不得不说：“说句公道话，凡是熟悉卡米拉的人，无人不认为她是个让人喜爱的女人。她不但聪明，还很风趣。”她是宴会上的女王，文学艺术、政治经济，她都能侃侃而谈。而戴安娜则是个连补考都不及格的高中辍学生。

虽然男人倾慕于女人的美貌，但一朵花再美看久了也会生厌的，让男人，尤其是充满智慧的男人，每天对着一个称不上“慧质兰心”的女人，他的思想、他的情趣、他的心事与哀愁她一点都不能会意，恐怕这时男人也会禁不住对月长叹，发出“知音少，弦断有谁听”的思古幽情吧。

总之，对于女人来说，拥有才情是至关重要的。30岁前的相貌是天生的，30岁后的相貌是后天培养的。你所经历的一切，将毫无保留地写在脸上，每天智慧一点点，你为自己做的便是不断地滋润。红颜易逝，但才情可以永存。

书中自有颜如玉

一个正在读书的女人，能给人以无限的美感。因为读书会使她产生一种情调，一种超越了形体的持久的妆容，一种不会被衰老所剥夺的美丽。读书为女人的美丽增添了厚重的文化底蕴和质感。这种美丽乃是女人灵魂的美。灵魂之美远远高于一副无可挑剔的好容貌。没有了灵魂的空间，没有了思想的闪现，无可挑剔的容貌也是黯淡的。或许美化灵魂有不少途径，但正如一位女作家所说，阅读是其中易走的、不昂贵的、不需求他人相助的捷径。

爱读书的女人，不管走到哪里都是一道风景。也许她貌不惊人，但她的美丽却是骨子里透出来的，她谈吐不俗，仪态大方。那是静的凝重，动的优雅；是坐的端庄，行的洒脱；是天然的质朴与含蓄的交融。爱读书的女人，她的美，不是鲜花，不是美酒，她只是一杯散发着幽幽香气的淡淡清茶。

爱读书的女人，她们心有琴弦，纵然是独自漫步，也并不寂寞与孤单。有自由的清风邀约一些花香或者白云为伴，有心而识灵魂，有梦而知远方的天空应该有一弯绚丽的彩虹。

爱读书的女人，她们生活情趣高尚，很少去叹息、忧郁或无望地孤独、惆怅。因为她们懂得与其长吁短叹，不如把时间和精力用来读书，使自己从“忧郁”的境遇中解脱出来。

爱读书的女人，她们拥有从容的心态，能保持年轻的心境，从而对于年华的逝去无所畏惧。不埋怨环境，也不艳羡别人，让心情一天比一天愉快年轻。

爱读书的女人，她们以聪慧的心、宽广质朴的爱、善解人意的修养，将美丽写在心灵上。读书，使她们更潇洒；读书，为她们添风韵。即使不施脂粉，她们也显得神采奕奕、风度翩翩。

毕淑敏一生酷爱读书。上中学时，恰逢“文革”，到学校借书，老师要求用一篇大批判稿交换。毕淑敏怎能违心批判这些伟大的作者呢？在他们笔下，都是人类最宝贵的精神财富。于是，她巧妙地将大段美好的文字抄在大批判稿里，然后再扣一顶“人道主义”的帽子，尽量挑最轻的字眼来批判。以这种方式她读完了托尔斯泰的《战争与和平》等许多名著。那时候，女生宿舍的几位女孩子，全靠毕淑敏一个人以写批判稿换书看，毕淑敏等不及传来传去的慢速度，就把自己先看完的部分讲给女伴们听，每到晚上熄灯以后，听毕淑敏讲故事成了文化匮乏时期这些少女们最大的精神享受。多年以后，毕淑敏的一位闺友从国外学成归来，大家聚会的时候，又回忆起美好的少女时代，她依然记得毕淑敏当年讲过的《笑面人》的片断。

16岁时，毕淑敏开始在苍凉的西藏阿里高原某部当卫生员，晚上值班，一守就是一夜。每当轮到她值班，她都事先把照明用的那一盏马灯灌满油，天亮了，油也点完了。司务长好生奇怪：“你把油干吗使了？是不是把油都喝了？”其实，她是就着马灯暗淡的光读书。《鲁迅全集》就是在那盏马灯陪伴下读完的。转业回北京时，毕淑敏摩挲着那盏马灯不忍分离。《红处方》是毕淑敏的第一部长篇小说。为了更好地表达毒品与人性的主题，在1993—1994年，毕淑敏阅读了大量的书籍，关于药理学、植物学、国外黑帮贩毒集团的写实作品……有一位朋友给她借来一本中国吸毒史，她一看，里面写到的她都读过了，这时，她才感到可以动笔了。

读书让毕淑敏成为一名成功的作家，读书更将她打造为一个拥有丰富内涵的知性女子。

的确，一个女人，在读过足够的好书之后，她会变得很优秀，因为书给了她底气，熏陶了她至真、至美、至纯的情感，使她变得温文娴雅，善解人意，充满书卷气息。这就是所谓的“腹有诗书气自华”。

爱读书的女人是善于思考的人，有思想的人。因为读书能使人变得睿智与坦荡——无欲则刚，心底无私天地宽。

读书能使人修德养性、智慧无穷、目光远大、美化心灵。人生在世，吃山珍海味是一种享受，读一些振聋发聩的书更是一种享受，前者只能饱一时的口福，后者会让你终生受益。读书可健脑去病。读书就好像服用“超级维生素”，可以使大脑，甚至身体重新充满活力。

读书，可以让你的心里有一盏明灯，守得住心灵这个宁静的港湾，始终视书籍为精神的伴侣，身居闹市，却能远离红尘的烦琐与喧嚣。

读书，可以让你没有时间唠叨饶舌，没有时间拨弄是非，不会像别的女人那样日渐粗俗。

读书，可以让你交上一群高尚的朋友。正如毕淑敏所说：“好书对于女人，是她们招之即来的永远不倦的朋友。”

读书的用脑强度可恰到好处地增加脑血流量。正所谓“唯书有真乐，意味久犹在”。

读书可以美化形象。经过长期的读书熏陶，身上便有股书卷味，不讨人嫌，那是读书的惠泽。现代人越发热衷于美容了，各种美容手段花样迭出，但所有的美容手段中，读书是最佳之道。余秋雨这样说过：“读书可以使自己成为一个健全的人，可爱的人，健康的人。”

做个爱读书的女人吧，把读书作为你终生的功课，你就能够把生活读成诗，把人生读成散文，你就能够拥有世上最好的化妆品，把美丽写入心灵！

女人的知性美源于书香

北宋著名书法家黄庭坚曾经说过："人不读书，一日则尘俗其间，二日则照镜面目可憎，三日则对人言语无味。"男人女人固然都需要读书来充实自己的精神，尤其是作为女人，人们都欣赏优美灵慧的女人，而读书能帮助女人们培养优雅的气质。

读书让女人更充实。腹有诗书的女人，好比一坛尘封已久的女儿红，开启后，香气扑面而来，令人迷醉。经典的书籍能让你洞察世事。你的文字使你与众不同，在你的身上呈现出一种高雅，一种"可远观而不可亵玩"的清冽。腹有诗书的女人，历久弥新，回味悠长。

有人说："书，是女人最好的饰品。"林清玄在《生命的化妆》一书中说女人化妆有三层。其中有一层的化妆是多读书、多欣赏艺术作品、多思考，可以让女人对生活保持乐观的心态。因为独特的气质与修养才是女人永远美丽的根本所在。

总会有一些经典书目历久弥香，有些书是优质女人不得不读的珍宝，在这里就为大家推荐七本好书，这些优秀的书籍就像是最好的朋友，最好的老师。在浮华的世界中，打开它们，投入多彩的书中世界，你的心灵将得到最大程度的滋养。

1. 《简·爱》

这是一部以爱情为主题的小说，女主人公简·爱是一个生活在社会底层，受尽磨难却不甘忍受社会压迫、勇于追求个人幸福的女性。她那倔强的性格和勇于追求平等幸福的精神很值得现代女性学习。

简·爱认为爱情应该建立在精神平等的基础上，而不应取决于社会地位、财富和外貌，只有男女双方彼此真正相爱，才能得到真正的幸福，她的爱情观体现了她的倔强性格。简·爱以对爱情执着追求的精神为现代女性树立了良好的榜样。有人说，爱人者是强者。为了追求自己的幸福，现代女性应好好阅读《简·爱》这部世界名著，做一个爱情的强者。

2. 《飘》

《飘》的女主人公也是一位坚强、具有执着精神的女性，所以这部名著也是女性应该读的。在这部书里，作者玛格丽特·米切尔会教你如何做一个成功的女人。这里没有中美差异，郝思嘉能够做到的，你也能够做到。坚强、独立、积极，是现代女性的必备素质。即现代女性要学习的是郝思嘉那种坚强风范，永不放弃，敢于直面现实，与残酷的现实抗争。从某种意义上说，这个世界里男人的优势还是明显的，而女性要想在这个世界中做个坚强、成功的女人就更应该好好读一读《飘》。

3. 《红楼梦》

一个女人如果没读过《红楼梦》的话，简直不可思议。理由很简单，只有看过《红楼梦》，才会明白原来女人是如此哀婉动人、如此仪态万千、如此楚楚可怜、如此冰雪聪明……作者曹雪芹会告诉你什么样的女人才是真正的女人。

豪迈如史湘云，也有醉卧芍药的娇憨；聪慧如薛宝钗，也有花间扑蝶的雅气；也唯有幽怨如林黛玉，才有掩埋落花的闲情。《红楼梦》让读者真正看到女人的精彩，领略到什么是水做的女人的深刻含义。即使势利狠毒如王熙凤，她的善于交际、果断坚决、处变不惊还是值得今天的女性学习的。

4. 《第二性——女人》

有史以来讨论女人的最健全、最理智、最充满智慧的书。

5. 《情人》

这本书将向你展现出女人爱做梦的本性，以至于达到不顾一切的疯狂地步。

6.《流动的圣诞节》

通过此书，你就会知道为什么小资女人们大多都向往巴黎的生活了。

7.《喜宝》

这本书将让你知道，再美丽、聪明、练达的女子也逃不过命运的潮起潮落，每个人都要好好把握现在。

比漂亮女人聪明，比聪明女人漂亮

美国哥伦比亚一家公司曾经对办公室女郎的外表做过一项调查，结果显示美女很容易找到办公室文职这样的工作，她们的起薪水平高于其他相貌平平的女子，但是她们很难进入更高层的领域。因为这些领域对能力的要求要明显高于外表。《杜拉拉升职记》中，海伦就是这样一位外表出众的漂亮女郎，而她在公司的定位仅仅局限在秘书这个职位，而相貌平平的拉拉却凭借聪明的头脑和热情的干劲，在公司步步高升。

海伦和拉拉的经历告诉我们，良好的外表的确能给人带来很多优势，但外表只是"开场白"，它可以成为敲门砖，却不是成功的保证。

不够漂亮就会错失机会，但只有漂亮也是万万不行的。就像鲁豫，当年的不修边幅让她错失了机会，但当她懂得修饰自己以后，没有过硬的能力也是很难在凤凰卫视开创一片天地的。鲁豫就是成功在综合素质高，比她漂亮的人很多，比她有能力的人也不少，但只有她兼具了美丽与能力，所以才那么耀眼。

金庸在《天龙八部》中描绘了一大批可亲可爱的女人形象，比如大理王爷段正淳四处留情结识的几位红颜知已。武功高强的秦红棉和机智过人的阮星竹一碰面就斗智斗勇，结果打了个平手。因为红棉武功虽高，但计谋略逊一筹；星竹虽聪明过人，但武功平平。于是两人刚好平分秋色。如果这份武功和谋略都集中在一人身上，对手就难以抵挡了。

武侠小说虽是杜撰，但金庸大师将女人的竞争关系描写得格外透彻。我们从这里引申一下就会发现：只在某一方面突出并不能称之为优势，强大的综合实力才能让你胜人一筹。就好比木桶原理，最高的那一节木桶再高，水最多还是只盛到最低的那一节木桶。所以，单纯有美丽的外表或者聪明的大脑不会保证你脱颖而出，但如果你既聪明又漂亮，还会有谁注意不到你呢？

英国伦敦大学一位系主任在谈到一位女讲师时，说："她应聘本系讲师职位时，从她一进门，我就感到她是我所渴望的人。她身上有着某种气质，把她那庄重的外表衬托得越发迷人。只有有高度素养、可信、正直、勤奋的人才有这样的光芒。第一分钟我就定下了人选，30分钟之后，我就让她第二天来系里报到。她没有让我失望，现在她已是最优秀的讲师。"

在众多的竞争者中，女讲师为什么散发出这种气质，系主任说得似乎很玄乎，但聪明人一眼就看得出来，因为她既有过硬的专业实力，又有极富吸引力的外表。这两项优点叠加起来与其他竞争者相比较就显得格外突出。系主任还有什么理由不选择她呢？

这个时代里，美女太多，有能力的女性也不少。如何在她们中间显露自己，女性朋友不妨想着从"综合素质"入手，这里的"综合素质"就包括内在和外在两部分。外在就像你的硬件条件，你要修饰好你的面容、保持适度的身材、选择得体的穿着，并且要保持优雅的举手投足。而内在就像你的软件条件，你要积累丰富的学识、懂得为人处世的原则、修炼自己的品性，这样内外兼备的你才是最完美的。

聪明的女人都不如你漂亮，漂亮的女人都不如你聪明，这样完美的你走到哪里都是最抢眼的风景线。

第十一章

淡然的女人最幸福

- 生活不必太匆匆
- 平常心对纷繁事
- 拥有平常心才能享受人生
- 让心灵回归简单
- 享受诗意人生
- 生命给了什么，我们享受什么
- 定期旅行，与自然对话
- 用色彩能量治愈自己的心灵
- 在冥想中，让自己变得幸福

生活不必太匆匆

现代都市生活的节奏越来越快，每个人都在为自己打拼。许多女孩子怀揣着五彩斑斓的梦想努力地奋斗着，写字楼里的OL们步履匆匆，能静下心来品味生活简直就是一种奢侈。有时候，放慢脚步，是为了更快地前进。

“洗手的时候，日子从水盆里过去；吃饭的时候，日子从饭碗里过去；默默时，便从凝然的双眼前过去。我觉察他去得匆匆了，伸出手遮挽时，他又从遮挽着的手边过去。天黑时，我躺在床上，他便伶伶俐俐地从我身上跨过，从我脚边飞去了。等我睁开眼和太阳再见，这算又溜走了一日。我掩着面叹息。但是新来的日子的影儿又开始在叹息里闪过了……”

当读到这儿的时候，相信很多人都会想起来，这是朱自清的《匆匆》。时间犹如小河水，只能流去不能回。大家都明白这个道理，时间总是那么无情地溜走，我们必须要努力抓紧时间，好好学习，努力工作，奋力拼搏。在主流意识里，我们这一代人，甚至很多代人都曾受过珍惜时间的教育。“一寸光阴一寸金”“时间就是金钱，效率就是生命”“浪费别人的时间等于谋杀生命”等口号我们已经听了好多年。可慢慢地也就开始产生了怀疑：我们这么珍惜时间，拼死拼活地工作到底是为了什么？

说到底，我们神经紧绷、忙忙碌碌，最终也只是为了生存，生存而已。要是纯粹用经济眼光去衡量，一个人只睡4个小时，剩下的时间都在工作，在创造价值，这才划算。可是当累到了极限的时候，我们就开始怀疑并嫌恶这样的生活和这样的算法。因为一个个过劳死的兄弟们已经以他们的生命教训告诉我们：累死累活不一定会有很多钱，即使有了很多钱，人都累死了，还有什么用？笔者以为，一天中有几小时的时间能被挥霍掉，那才算比较幸福。

前段时间，潇潇应一位多年网友的邀请去她的山庄坐坐。转了好几辆公交车终于到了她所说的山庄。地方不是很大，但是却很美。有一些稀疏的桃树，北风吹过，花飘一地。不禁让人想起唐伯虎的那首《桃花坞》：

桃花坞里桃花庵，桃花庵下桃花仙。
桃花仙人种桃树，又摘桃花换酒钱。
酒醒只在花前坐，酒醉还来花下眠。
半醒半醉日复日，花落花开年复年。
但愿老死花酒间，不愿鞠躬车马前。
车尘马足富者趣，酒盏花枝贫者缘。
若将富贵比贫贱，一在平地一在天。
若将贫贱比车马，他得驱驰我得闲。
别人笑我太疯癫，我笑他人看不穿。
不见五陵豪杰墓，无花无酒锄作田。

这首诗，也是她最喜欢的。她的笑容里有一些恬淡，这是很多整日奔波于钢筋混凝土中的上班族最稀缺的东西。山庄不大，但却怡然，有一大片玫瑰园，潇潇想，等花开的时候一定很美吧。还有木头房子、古井和菜地，游客可以自己采摘新鲜的蔬菜或者钓鱼直接交给厨师，一切都是那么的接近大自然。

潇潇很羡慕她的这种生活，小资，闲适，日出而作，日落而息，凿井而饮，耕田而食。懒懒散散，不求赚多少钱，只求一个身心舒适。可是对于大多数人来说，这种闲适的慢生活就像梦中的桃花源那么可望而不可即。这位网友也是经过了很多努力才得到了眼前的这一切。在美国华尔街，她曾是一个高级金领。回到国内，也曾在某大公司做CEO，后来厌倦了，身体也因长期劳累出现了很多的问题。害怕自己活不到六十岁就累死了，也害怕自己变成了金钱与时间的奴隶，于是放弃了高薪的工作，用多年的积蓄经营起了这个小小的山庄，钱虽赚得不多，却也悠然自得。

约翰·列侬曾经说过：“当我们正在为生活疲于奔命的时候，生活已经离我们而去。”过大的生活压力、过快的生活节奏使我们在不知不觉中失去了平静，怎么按也难以按下那股浮躁、不安和焦灼，健康状况也极度恶化。大家都忙着赶路，却根本来不及体验生活的美好。在经历了一个极大的浮躁过程之后，很多人的心灵开始慢慢回归，返璞归真。慢生活也在全球悄然兴起。在《罗马假日》故事的发生地罗马，以及意大利的其他城市，早在1989年就发起了慢城市运动，并渗入世界各国。

近年来，慢生活的理念在我国也开始深入人心。因为随着经济发展和竞争压力增大，我们的生存状态也越来越缝隙化和拥挤化：为了创收，不得不放弃节假日；为了创造出更多的经济利润，我们不得不将脚步迈得飞快。我们更像工业流水线上的齿轮，输入时间，输出赚钱和高效，整个成了“机器人”“经济人”。我们太多的人意识到自己成了快生活、“加急时代”的牺牲品。

过度的劳累导致了孤独的疲倦，也使我们更向往心灵的依偎、身心的放松、和谐与慵懒。忙碌是避免不了的，不安的危机感也的确很难停止。我们唯一能做的就是，在稍有空闲的时间里好好睡上一觉，或者牵着小狗出去散散步，悠悠地享受阳光、空气和轻轻掠过的柔风。再或者，随意摘下一朵小花，喝一杯咖啡，看一部旧电影，静静地享受一下小资生活。简约且透彻。

平常心对纷繁事

在奥运会上夺得金牌的冠军，接受媒体采访时，说的最多的就是很简单的一句话：保持平常的心态。的确，在竞技场上保持平常心态，就能使竞技者超水平发挥，取得意想不到的成绩。在职场和人生中更是如此，只有保持平常心，才能取得工作和生活上的成功。

实际上，很多人并不是被自己的能力所打败，而是败给自己无法掌控的情绪。在现实工作中，在激烈的竞争形势与强烈的成功欲望的双重压力下，从业者往往会出现焦虑、欢喜、急躁、慌乱、失落、颓废、茫然、百无聊赖等困扰工作的情绪。这些情绪一齐发作，常常会让人丧失对自身的定位，变得无所适从，从而大大地影响了个人能力的发挥，使自己的工作效能大打折扣。

如古人所云："宁静而致远，淡泊以明志。"不管我们身在何种环境，承受什么样的压力，只要能够坦然面对，就能够轻松地走向成功。

有一次，有源禅师问大珠慧海大师："大师修道是否用功？"大珠慧海大师回答："用功。"有源禅师问："如何用功？"大珠慧海大师回答："吃饭时吃饭，睡觉时睡觉。"有源禅师说："这和一般人有何不同？"大珠慧海大师说："一般人吃饭时不肯吃饭，百种需索；睡觉时不肯睡觉，千般计较，所以不同。"

在我们的生活中，无论从事何种工作，无论身处什么位置，遇到的问题可能不同，但所面临的压力其实是一样的。漫长的工作生涯中，不分昼夜地加班、工作碰到困难、获得褒奖、遭遇委屈，甚至是挫折连连，这都是我们要经历的事情，它涉及所有的人，并不是单单指向某一个人。而职场中人不同的反应体现的则是个体的素质。所以，我们应当努力学会，而且是必须学会去适应环境，而不是怨天尤人、沾沾自喜抑或是垂头丧气。如果我们能够随时保持一颗平常心，做到宠辱不惊，去留随意，我们就能够简简单单地面对自己的生活。

一对老夫妇谈恋爱的时间是1967年元月，时值“文革”爆发不久，全国一片混乱，百姓苦不堪言。那时候，粮店里的米与副食店里的肉、豆腐和百货店里的肥皂、布匹，以及煤铺里的煤等生活物资均要凭票供应，普通人家的生活清苦至极。男方的家在城郊的小菜园里，用现在的话来说，那里是当地的蔬菜基地。

女孩第一次“访地方”（当地将女方到男方家里去了解情况称为“访地方”）时，男方留她和媒婆吃中午饭。菜很简单，只有两道：几个荷包蛋外加一碗萝卜丝。其中，那几个鸡蛋是向邻居借的，萝卜则是自己种的。

在回家的路上，媒婆说男方人穷又小气，劝漂亮的女孩不要嫁过来。女孩却说男方煮的萝卜丝很好吃，说明他很能干。

过了一段时间，当女孩一个人再次来找男孩时，男孩刚好捉了一些鲫鱼。招待女孩的菜仍然是两道：除了油煎鲫鱼外，还有一碗红烧萝卜。吃饭时，女孩称赞男孩的萝卜做得很有特色，并说自己很喜欢吃萝卜。男孩说：“是吗？你下次来我请你吃另一种口味的萝卜。”

在后来的交往中，女孩尝尽了男孩所制的不同口味的萝卜：清炒萝卜、清炖萝卜、白焖萝卜、糖醋萝卜、麻辣萝卜、萝卜干和酸萝卜等。再后来，女孩就成了这些萝卜的俘虏，嫁给了男孩。

当有人质问老太太当时为何不嫁给那些有条件煮肉炖鸽、杀鸡烧鱼的男人，却嫁给这个只会烹饪萝卜的男人时，老太太说：“当时我认为，一个男人在那种清贫的日子里竟能够把一种普通的萝卜烹饪出甜酸苦辣咸等几种不同的口味而令我大饱口福、弥久难忘，我想他同样能够将清贫的日子调剂得五彩斑斓。谈婚论嫁，既要注重眼前，更要注重将来。这不，如今我和他结婚已三十多年了，你看我们吵了几次架？更不像某些同龄人那样动不动就闹离婚。日子虽然过得平淡了一点，但平淡中更能见真情啊！”

也许，老太太说得不错，在我们的日常生活中，越是具有平常心的人，生活越幸福，而那些整日斤斤计较、患得患失的人反而苦恼无穷。做人应有一颗平常心。

平常心并不是与生俱来的，它是经历磨难、挫折后的一种心灵上的感悟，一种精神上的升华。人的内心会时常由于外物的变化而起伏波动，能在如今这样瞬息万变的世界中，保持一颗平常心，不以物喜，不以己悲，宠辱不惊，实在是一种了不起的人生境界。

拥有平常心才能享受人生

在跌宕起伏的人生中，女人学会保持一颗平常心很重要，不以物喜，不以己悲，宠辱不惊，去留无意，在平淡中给自己一份力量，在喧闹中给自己一份宁静。就好像名模林志玲，无论是对待自己的事业还是生活，都能保持一种平常心，她的淡定平和却为她赢得了更多的人气。

有一次，林志玲代言的浪琴表要举行记者见面会。见面会的主题确定为“舞伶”，浪琴表台湾区副总经理希望林志玲表演一段舞蹈，但是林志玲的经纪人认为不适合，怎么也不同意，彼此僵持着。林志玲在一旁听到了双方的对话，心里已经有了主见。等到出场时，她悄悄脱了不适合跳舞的鞋子，光着脚登台献艺。那位总经理也只是希望林志玲摆摆POSE就可以了，所有的人都想不到，她竟然跳了一段长长的舞蹈，引得台上台下的人心里都热乎乎的，“粉丝”们更是异常感动。

2006年6月，浪琴表邀请林志玲到古都西安宣传。宴会盛大，当地100多位经销商与林志玲一起用餐。经销商们以桌为单位，纷纷和林志玲友好握手、合影留念。细心的人注意到，身高174厘米、脚穿高跟鞋的林志玲，每一次都要膝盖微弯，蹲到跟对方一样的高度，目光平视，才同对方握手。一位负责人感慨地说：“她就那样总共蹲了80多次，我从来没见过任何一位艺人这么做过。”

不少明星都觉得媒体记者最难对付，甚至害怕跟记者接触，有的还公开骂记者，将双方的关系弄得很紧张。曾经采访过林志玲的一位记者，在自己的采访手记里这样写道：“她耐心、礼貌地回答所有问题，原定30分钟的采访，让我们足足问了一个小时。结束前她以惯有的甜美嗓音说：‘如果还有什么问题，我这几天都还在台湾，还可以再问我。’这是连普通的受访者都很少会提及的话。”连普通人都很少提及的话，一个人气正旺的大牌明星却提及了，她真心待人的平常心可见一斑，那份优雅平和、镇定自信正是一些喜欢摆架子的偶像、明星们所欠缺的。

许多人都在成功路上追求大智大勇，认为智慧之花盛开在高大处、深刻处，却不知道拥有一颗平常心，真心待人，才是真正的处世智慧。相信将来的林志玲容颜会老，人气却不会消散。同样人气很旺的S.H.E在《康熙来了》节目中也说，每次专辑出来，都会是一种新人的心情，担心专辑的销量不好，但还是会以平常心态看待，不会太苛求，做音乐还是以快乐为主。

一个人只要改变自己的想法，就能改变自己的生活，就能够消除忧虑和恐惧，就能体会到生活中的快乐。所以，女人从生活中所得到的快乐，并不在于你在哪里、你有什么、你是什么人，而只是在于你的心境如何，与外在的条件没有多少关系。

快乐是一种独特的体验，只要乐趣真实常在，无论雅俗，都会活得有滋有味，也用不了太多的心思，你就会发现活着本来就不错。比如说，你有大本事或小本事，朋友多，路子广，会有种种发迹的机会；你拥有爱情，拥有家庭，拥有多彩的故事，你总有一些盼望，会发现一些趣事，甚至某个消息、某个话题、某种现象都能让你兴奋。这兴奋可能太俗，让人瞧不上眼，或根本就不值。但只要是真实快乐的体验，也就够了。即使是真正遇上不称心的事，也别抱着死理，跟自己过不去，这样你便能从容应付、潇洒地走出困境。

让心灵回归简单

史蒂芬是好莱坞的一位著名导演，他对简单生活的看法很值得我们借鉴：“我到过许多地方，发现世上许多人的生活比我们简单得多，然而却能体现他们自身的价值，更平静、更悠闲。自然的生活原本是简单的生活，但是，我们的文化鼓励我们竞争，让我们一忙再忙。我们已经看不到窗外的阳光、听不到树林的声音，甚至无法一心一意地去做一件小事情。”

当你用一种新的视野观察生活、对待生活时，你会发现简单的东西才是最美的，而许多美的东西正是那些最简单的事物。

一天夜里，玛丽所在的社区停电了，她在她的无电小屋中和家人围坐在炉火前望着窗外的星空，静静地聆听，静静地观察。桌上几只蜡烛跳动着火焰，炉中黑色的铁锅在冒着热气。她忽然发现了许多事情的真相，黑暗给人们带来的不仅有神奇的萤火虫，还有城市的静寂、久违的家庭温馨和关怀。

丽莎·茵·普兰特说过：“简单不一定最美，但最美的一定简单。”由此可见，最美的生活也应当是简单的生活。在西方社会，简单主义正在成为一种新兴的生活主张。因为大多数的生活以及许多所谓的舒适生活，不仅不是必不可少的，而且是人类进步的障碍和历史的悲哀。在这种情况下，人们更愿意选择另一种生活方式，过简单而真实的生活。

有这么一位行吟女诗人，她一生都住在旅馆里。她不断地从一个地方旅行到另一个地方。她的一生都是在路上、在各种交通工具和旅馆中度过的。当然这并不是因为她没有能力为自己买一座房子，这是她选择的生存方式。

后来，鉴于她为文化艺术所作的贡献，也鉴于她已年老体衰，政府决定免费为她提供住宅，但她还是拒绝了，理由是她不愿意为房子之类的麻烦事情耗费精力。就这样，这位特立独行的行吟诗人，在旅馆和路途中度过了自己的一生。

她死后，朋友为她整理遗物时发现，她一生的物质财富就是一个简单的行囊，行囊里是供写作用的纸笔和简单的衣物；而在精神财富方面，她给世界留下了10卷优美的诗歌和随笔作品。

这位女诗人的生活是简单而富有意义的。她的人生是一种去繁就简的人生，没有太多不必要的干扰，没有太多欲望的压迫，是一种简单而又纯粹的人生。

人的一生难免会有许多欲望和追求。房子、汽车、金钱、爱情，以及对生命的信仰。不知不觉中我们已经拥有了很多，这些东西有些是我们必需的，而有些却是没有一点用处的。那些没有实际用处的东西，除了满足我们的虚荣心和攀比心以外，只会将我们的心灵弄得烦躁不安。

就好像带着背包去旅行，装的东西越多，自己的脚步就会越沉重。所以，与其让自己在疲惫与痛苦中前行，不如将心里的包袱放下。就做最简单的自己，就做最快乐的自己。

一个懂得体悟幸福的人，会心无旁骛，并善于将可能引起忧思苦恼及妨碍行进的事物丢弃掉，不让它干扰自己的身心。

用过电脑的朋友都知道，在系统中安装的应用软件越多，电脑运行的速度就越慢，并且在电脑运行的过程中，还会有大量的垃圾文件、错误信息不断产生，若不及时清理掉，不仅会影响电脑的运行速度，还会造成死机甚至整个系统的瘫痪。所以必须定期地删除多余的软件，清理掉那些无用的垃圾文件，这样才能保证电脑正常工作。

我们的生活和电脑系统的情况十分类似，如果想过一种幸福快乐的生活，就不能背负太多不必要的包袱，要学会删繁就简，过一种简单的生活。

享受诗意人生

一位得知自己不久于人世的老先生，在日记簿上记下了这样一段文字：

“如果我可以从头活一次，我要尝试更多的错误，我不会再事事追求完美。

“我情愿多休息，随遇而安，处世糊涂一点，不对将要发生的事处心积虑地计算着。其实人世间有什么事情需要斤斤计较呢？

“可以的话，我会多去旅行，跋山涉水，再危险的地方也要去一去。以前不敢吃冰激凌，是怕健康有问题，此刻我是多么的后悔。过去的日子，我实在活得太小心，每一分、每一秒都不容有失，太过清醒明白，太过合情合理。

“如果一切可以重新开始，我会什么也不准备就上街，甚至连纸巾也不带一块，我会放纵地享受每一分、每一秒。如果可以重来，我会赤足走出户外，甚至彻夜不眠，用自己的身体好好地感受世界的美丽与和谐。还有，我会去游乐场多玩几圈木马，多看几次日出，和公园里的小朋友玩耍。

“只要人生可以从头开始，但我知道，不可能了。”

美国诗人惠特曼说：“人生的目的除了去享受人生外，还有什么呢？”

林语堂也持同样的看法，他说："我总以为生活的目的即是生活的真享受……是一种人生的自然态度。"

生活本是丰富多彩的，除了工作、学习、赚钱、求名外，还有许许多多美好的东西值得我们去享受：可口的饭菜、温馨的家庭生活、蓝天白云、花红草绿、飞溅的瀑布、浩瀚的大海、雪山与草原等。

此外还有诗歌、音乐、沉思、友情、谈天、读书、体育运动、喜庆的节日……甚至工作和学习本身也可以成为享受，如果我们不是太急功近利，不是单单为着一己利益，我们的辛苦劳作也会变成一种乐趣。让我们把眼光从"图功名""治生产"上稍稍挪开，去关注一下我们生命、生活中的这些美好吧。

一个六岁的小女孩问妈妈："花儿会说话吗？"

"噢，孩子，花儿如果不会说话，春天该多么寂寞，谁还对春天左顾右盼？"小女孩满意地笑了。

小女孩长到十六岁，问爸爸："天上的星星会说话吗？"

"噢，孩子，星星若能说话，天上就会一片嘈杂，谁还会向往天堂静谧的乐园？"小女孩又满意地笑了。

女孩长到二十六岁，已是个成熟的女性了。一天，她悄悄地问做外交官的丈夫："昨晚宴会，我表现得合适吗？"

"棒极了！"外交官不无欣赏和自豪之情，"你说话的时候，像叮咚的泉水、悠扬的乐曲，虽千言而不繁；你静处的时候，似浮香的荷、优雅的鹤，虽静音而传千言……能告诉我你是怎样修炼的吗？"

妻子笑了："六岁时，我从当教师的妈妈那儿学会了和自然界对话。十六岁时，我从当作家的爸爸那儿学会了和心灵对话。在见到你之前，我从哲学家、史学家、音乐家、外交家、农民、工人、老人、孩子那里学会了和生活对话。亲爱的，我还从你那里得到了思想、智慧、胆量和爱！"

一个优雅快乐的女人，会感受生活，会品味生活中的每时每刻的内容。

虽然享受生活必须有一定的物质基础，努力地工作和学习，创造财富，发展经济，这当然是正经的事。但是，劳作本身不是人生的目的，人生的目的是“生活得写意”。一面勤奋工作，一面使生活充满乐趣，这才是和谐的人生。

享受生活，并非花天酒地，或过懒汉的生活。享受生活，是要努力去丰富生活的内容，努力去提升生活的质量。愉快地工作，也愉快地休闲。散步、登山、滑雪、垂钓，或是坐在草地或海滩上晒太阳。在做这一切时，使杂务中断，使烦忧消散，使灵性回归，使亲伦重现。

用乔治·吉辛的话说，是过一种“灵魂修养的生活”。

生命给了什么，我们享受什么

张爱玲曾说：“生命是一袭华美的袍，上面爬满了虱子。”真正懂得生活的人不会在意袍上的虱子，他会去享受它的华美，让生命自然地绽放，从而忘却瘙痒。生命其实已经给了我们很多东西，没有纵横政界的权势，你至少可以有充足的时间徜徉在家的温暖里；没有锦衣玉食，粗茶淡饭却会给你带来真正的健康；没有高级的轿车，你还可以用双脚感受大地的柔软。生命给了什么，就享受什么，这才是人生的大境界。

德国大寓言家莱辛写过这样一则寓言。一个人有一张名贵的由黑檀木制成的弓。他用这张弓射得又远又准，因此非常珍惜它。有一次，他把弓捧在掌心仔细把玩时，突然觉得它还有些不完美，说道：“你稍微有些笨重！外观毫不够漂亮，太可惜了！——不过这是可以补救的！”他思忖很久，终于找到了补救的办法：“我去请最优秀的艺术家为你雕一些美丽的图画。”他对自己说。于是他请艺术家在弓上雕了一幅完整的行猎图。“还有什么比一幅行猎图更适合这张弓的呢！”这个人充满了喜悦，非常满意，“你本应配有这种绝美的装饰，我亲爱的弓！”一面说着，他拉紧了弓，弓却断了。

这把弓本来是非常名贵的，不过是少了些外表的装饰显得不那么完美，这个人过度的苛求反而损坏了原本很优质的存在，弓承受不了这过度的苛责，自然就折了。生命就如这把名贵的弓，本来具有了它自身的华美和不足，但它以最实用也是最适合自己的方式存在着，如果太过于追求完美，太苛求，就会打破原本的秩序，只会给自己徒增烦忧。当我们对生命抱以宽容的接受态度而不苛求什么时，它本身的意义就会显得更加丰富和真实。

沙滩上撒满了漂亮的贝壳，活像个闪亮的大毡子。我们怀着欣喜去捡拾，却发现远处的那枚总比自己手中的漂亮，于是，我们就把手中的丢弃，去找最漂亮的那枚。时间慢慢过去，潮水就要涨起来了，我们还是遗憾着没找到最漂亮的那个，抱着宁缺毋滥的固执扔下了手里最后的那枚贝壳，最后仍是两手空空。生命的过程就像捡贝壳一样，好像最漂亮的总在后面，而我们所得到的总也不尽如人意，但是，我们不能拒绝着不接受，不然，等你走到生命的尽头时会发现两手空空一无所有，即使你不在乎终老时拥有多少，你整个拾取丢弃的过程也会充满不满足，也会充满不快乐。

苛求会导致失去，追求完美也要适度。不苛求星星也光芒四射，只需它点缀黑暗天空；不苛求小草也撑起一片阴凉，只需它整天绿茵；不可求一滴水也滋润整个麦田，只需它昭示着生命的存在。“不以物喜，不以己悲”，让一切自然地来，让一切淡淡地去，生命给了我们什么，就去享受什么，平淡也好，腾达也好，快乐和忧伤疑惑幸福与苦难，都坦然地去接受，用心去享受，因为每一点一滴都记录着自己的人生。

定期旅行，与自然对话

唐代诗人杜甫，一生热爱大自然，把大自然当做最好的医生。他曾经写过这样的一首诗：“清江一曲抱村流，长夏江村事事幽。自去自来梁上燕，相亲相近水中鸥。老妻画纸为棋局，稚子敲针作钓钩。多病所需唯药物，微躯此外更何求。”

这首诗的大意是：人有了病之后，不要精神不振，更不要失去生活的信心，自寻烦恼。要多去环境幽静的地方散心解闷，看一看自由自在的飞燕、相亲相爱的鸥鸟，寻找生活中的乐趣，这样便可心悦而减少疾病。另外，要治病，除了吃药外，还可以下棋以怡心，钓鱼以抒怀。

如果你把自己融入大自然中，大自然就会敞开心胸，把日月星辰、山山水水、花草树木、飞禽走兽、空气海洋无私地赐给你，就看你会不会热爱它，会不会利用它。如果你热爱它、亲近它，就能与其和谐相处，并且拥有金钱买不到的健康。

现代人大多生活在都市中，平时接触的都是高楼大厦、车水马龙的人流，他们远离大自然，完全生活在钢筋水泥筑成的城市森林中，时间长了，就会有许多的烦恼。城市污浊的空气对我们的健康是非常不利的，利用闲暇走出城市，走进大自然，相信你一定能收获很多。

某地有个远近闻名的长寿村，那里环境幽美，树木茂盛，空气清新，泉水甘甜。据说，这个村里百岁以上的老人就有50多人，下地干活的八旬老翁屡见不鲜。

有位健康专家到那里进行了深入调查后，得出的结论是：这里之所以生病的人少，长寿的人多，全都是大自然的恩赐。

大自然是造物主赐给人类的最高享受，谁能与大自然亲近，谁就能拥有健康。所以，希望你能把休闲的地点更多地放在大自然中，而不是咖啡厅或其他聚会场所。

大自然是大地上至今还没有充分开发的地方所呈现的景象，是这个世界的营养，我们所有人的身心都需要它的滋补。

大自然给孩子们提供了一个家长之外，比父母更为年长的世界——就像更博大精深的父母；自然能让孩子们感受到他们在时间长河中的位置。与电视不一样，大自然不会从成人或者儿童生命中偷走时间；相反，它会把人与自然接触的那段时间延续下去，让它更加充实、更加丰富。

大自然可以培养孩子们的创造力，在一定程度上，自然界调动了孩子们的直观想象力，让他们可以充分利用感官能力。

一天，一个人问一群孩子："你在树林或者田野里玩的时候，你最大的感想是什么呢？"

一个孩子的回答很令人吃惊，他说："我觉得我是一个科学家，我是在寻找治疗疾病的灵丹妙药，我是在探索大自然某些不为人知的秘密。"

我们来自于大自然，只有回归大自然，我们才能找到本真的自己。这正如爱默生所说的："人是一种活动的植物，他们像树一样，从空气中得到大部分的营养。如果他们总是守在家里，他们就憔悴了。"女性朋友们，请走出城市，走进自然吧，生机勃勃、博大精深的大自然将给你们提供身心发展最丰富的营养。

用色彩能量治愈自己的心灵

每一种色彩都拥有自己的特殊能量。色彩的能量通过细胞吸收后会影响全身，而且是从身体、情感和精神多个层面全面影响人的健康。

紫色代表柔和、退让和沉思，给人以宁静、镇定和幻想，可以治疗大脑疾病及精神紊乱。

黄色是色谱中最令人愉快的颜色，它被认为是知识和光明的象征，可以刺激神经系统和改善大脑功能，激发人的朝气，令人思维敏捷。

橙色是新思想和年轻的象征，令人感到温暖、活泼和热烈，能启发人的思维，可有效地激发人的情绪和促进消化功能。白色象征真理、光芒、纯洁、清白和快乐，给人以明快清新的感觉。

红色是一种热烈的颜色，它象征着鲜血、烈火、生命和爱情。其心理作用可以促进血液流通，加快呼吸并能治疗忧郁症，对人体循环系统和神经系统具有重大作用。

绿色是希望的象征，给人以宁静的感觉，可以降低眼内压力，减轻视觉疲劳，安定情绪，使人呼吸变缓，心脏负担减轻，降低血压。

蓝色意味着平静、严肃、科学、喜悦、美丽、和谐与满足，它经常被用来放松肌肉紧张、松弛神经及改善血液循环。

黑色则代表死亡和黑暗，令人产生悲哀、黯淡、伤感和压迫的感觉。

色彩疗法，可以消除疲劳，抑制烦躁，控制情绪，能促进身心健康。但在进行选择色彩作为某种象征和含义时，应该根据具体情况具体分析，正确使用颜色和合理调色，而真正利用色彩治病则有复杂的系统和处理方法。

色彩不仅可以令女人在学习中获得更大的成功，超常发挥内在潜能，而且能改善睡眠，让女人精神焕发。

在冥想中，让自己变得幸福

冥想，它的内涵究竟是什么呢？

冥想要做的就是努力地感知现在。当一个人放弃思考，将注意力全部转移到呼吸上的时候，冥想自然地就来了。这就是冥想的练习步骤：失去，找回，失去，找回。通过这样的锻炼，可以使人的头脑变得更加专注。

冥想对于不同的人，各有不同的方式，对于有些人来说，静坐型冥想就很合适，只需要呼吸就行了；对于有些人来说，静坐却是在思考很多的东西；对于有些人来说，静坐实际上是一种祈祷。

丹尼尔·格尔曼在他的《毁灭性情感》一书中写道："一个人吃惊的程度越大，这个人就会越倾向于产生烦乱的情感。"尤其是当他们研究过东方宗教之后，更加认定这一论断。通过冥想，可以使人达到一种相对冷静安宁的状态，抛开现实生活中的各种烦乱，从而实现一种幸福感。

有一位在医学院的女老师每天坚持做30分钟冥想，一段时间之后，她的情感和身体状况都得到很大程度的提高和改善，与那些不做冥想的人相比，她的状态要好很多。她后来通过研究发现：冥想和人的心理免疫系统有着很强的关联性，会让人的身体机能更有活力和弹性。现在，冥想已经越来越多地应用在精神病领域里，并且已经被证实十分有效，它可以帮助我们克服严重的抑郁症、焦虑以及其他的心理问题。

冥想不仅对治疗严重抑郁有帮助，而且对缓解悲伤也有很大的效果，那么它究竟是如何起作用的呢?

当一个人产生某种情感经历的时候，总会出现相应的身体特征。积极的情绪可能会让人的身体感到很舒适。但是当经历痛苦的感情时，比如比较焦虑的时候，可能人的身体就会出现不舒服的症状，比如脖子、肩膀或者是胃部不适，而这些身体状况都对应着相应的情感。因此当遇到这样的情况的时候，不要钻牛角尖，沉思自己究竟是怎么回事，到底发生了什么，去立即感知身体中相对应的情况。

当感到很压抑的时候，那就要集中注意力，并且接受这个现实，不要试图去确定它，只要简单地去接受它是什么。

“哦，现在心情很难受。难受就难受吧，这是不可避免的，以后就会好了。”

“天啊，我的胳膊上长了这么大的一个包，真是有趣。我想让它变小一点，呵呵，它真的可以变小。”

举个例子来说明，当人生病了的时候，通常会建立起一个新的神经通道，大多数的人在这个时候会使自己的思绪陷入到这种通道中来，而这条通道与压抑的负面情绪紧密相连，接着这条通道会被逐渐加强。这个时候需要做的是建立一条可替代的通道，而并不是打通一条新的通道。这条可替代的通道是什么呢？是我们自身的修复能力。

其实人们在日常生活中所遇到的大多数疾病，自己的身体都是有能力修复的，当然这也不是绝对的，但是在大多数的情况下是这样的。跟着身体的感觉走，去感知身体，去接受它，不要试图去修复它，它是什么就是什么，只要小有兴趣地观察它就好了，身体内在的修复机制会自动处理它的。

而要做到适应这种方式的关键就是要练习，不断地重复，练习的过程并不是非要集中注意力45分钟，而是将失去的注意力找回来并且不断地重复。这样的训练方式其实就是一种冥想。

第十二章

才学要像林黛玉，交际要学薛宝钗

- 储蓄友情是女人一生的功课
- 女人要魅力，更要影响力
- 在社交中展示优雅的风度
- 才学要像林黛玉，交际要学薛宝钗
- 借助贵人的力量往上走
- 去头等舱才能与贵人相遇
- 学会高位蓄水
- “曝光”自己，提高你的身价

储蓄友情是女人一生的功课

友谊对人生是不可或缺的。如果没有友情，生活将缺少悦耳的和音。在没有友情的人群中生活，那种苦闷不言而喻。心灵犹如一片荒漠，而友谊却如甘露，可令沙漠生出绿洲。纪伯伦说过："你的朋友能满足你的需要。你的朋友是你的土地，你怀着爱而播种、收获，就会从中得到粮食、柴草。"

美国作家爱默生曾说："友谊是人生的调味品，也是人生的止痛药。"如果友谊一旦破坏了，连爱情也不能再使它恢复。所以我们一定要重视友谊，珍惜眼前人。而如何"利用"好你的朋友则是友谊长久的一个关键因素，因为友谊虽说不是利益的结合，但相互的需要与帮助却是维系友谊的枢纽。

美国国家安全顾问康朵莉莎·赖斯是一位杰出的黑人女性，她不但在政坛叱咤风云，更在男性世界中从容周旋，备受媒体关注。

赖斯之所以能有今日的地位，有一个原因不容忽视，那就是她与布什及布什一家始终保持着良好关系，并赢得了布什一家的友谊。周末的时候她是戴维营的常客，除了谈论政策外，她还陪布什全家去看电影。赖斯与布什有一个共同的爱好，就是体育，他们都是体育迷。布什曾拥有一个棒球队，而赖斯则曾表示希望成为国家橄榄球联盟的主席。

赖斯与布什既是亲切的朋友，又是事业上的好伙伴。布什对外访问时，赖斯会首先对出访意义进行演讲，向公众阐述布什的外交政策。访问过程中赖斯总是坚持陪着总统，随时了解事件的进展，并提供给布什总统必要的资料。

在布什对外政策受到来自国内外压力时，在布什需要人支持他时，赖斯总是坚定地站在他的身旁为他精心谋划，并为他的计划不遗余力地进行各类宣传。

赖斯今天的成功，与她本身的实力和努力是分不开的，但与总统及其家庭亲密的朋友关系也是其中的一个因素。赖斯赢得了布什的信任和尊重，在一些重大的外交问题上，布什更注重听取她的意见，有媒体称赖斯抢走了本应属于国务卿鲍威尔的光彩。

正如马克思的一句名言："人的生活离不开友谊，但要得到真正的友谊却是不容易的；友谊需要忠诚去播种，用热情去灌溉，用原则去培养，用谅解去护理。"储蓄友情，是我们一辈子的功课，而对于女人来说，如何为自己储蓄丰厚的友情呢？做到这八个"不"吧。

1. 不斤斤计较

友谊是一种给予与奉献的并连体，它应该是无私的。朋友相处斤斤计较，恐怕吃亏，在荣誉面前你争我夺、互不相让，这种有利必争、有荣誉不让、有责任便推的人，是很难结交真正的朋友的。

2. 不苛求于人

对人过于精明、过于苛求，是很难交到一位知心朋友的。对朋友身上的不足和缺憾，我们应该抱着宽容为怀的态度，真诚地互相理解、互相支持、互相帮助，取长补短，共同前进。

3. 不虚伪嫉妒

在友谊的交往中，再没有比虚伪和嫉妒更可憎可恶的了。有的女性明明知道朋友有缺点、有错误，却还一味恭维吹捧，名曰维护团结；朋友有了成就，有了进步，并超过自己，便妒火升腾，处处设防；在情场上，也往往喜欢争风吃醋，闹得不可开交。这样的人，只会使朋友渐渐远离。

4. 不亲疏分级

现实生活中，有些女性交友完全是实用主义，以亲疏分等次，以尊卑论级别。凡对我有利者，则热情相待、交往甚密；对我无利者，则冷眼相待、旁若路人：对有地位、有权势的朋友，笑容可掬、十分巴结；对一般同事朋友，则态度较冷、哼哼哈哈。作为有修养、有素质的年轻女性，我们对这种庸俗的实用主义的交友观应予以唾弃和指责。

5. 不过河拆桥

生活中，往往有这样的女性：当她们身处逆境时，对真心关怀与帮助自己的朋友感激涕零；而一旦自己的地位变了，发迹了，有名有势，便会对昔日帮助过自己的朋友一反常态，怠慢、冷漠，甚至把朋友拒之门外，这是非常不好的。

6. 不要言而无信

女性在交际中应讲求诚信。说话算数，说到做到，这是交友的基本准则。在现实生活中，把承诺视为儿戏，言而无信的女性永远也不会得到真正的朋友。

7. 不自命不凡

虚怀若谷、谦和谨慎的女性，能够广交朋友，获得他人的信任和好感；而孤芳自赏、自命不凡，则会使人敬而远之，惹人反感。

8. 不要不拘小节

女性在交友时，是应该庄重地对待细节的。对待朋友，不拘小节，是一种很不好的习惯。有些女性向朋友借钱，自以为数额不大，便马而虎之地久借不还；有些人去朋友家做客赴宴，总是盯着几盘好菜不放，嘴里还念念有词，“好吃，好吃”；有些人与别人交谈总喜欢打岔争辩，不甘示弱，如此等等。这种不拘小节的不良习惯，不仅会损害自己的社交形象，久而久之，还会使人感到厌恶。

女人要魅力，更要影响力

在我们的生活当中，存在着一种无形的力量，那便是影响力。它不同于能力，能让其他人在短期的实践中感觉到；更不同于智力，大家可以评估出来。影响力就好像一种独特的魅力，时时刻刻影响着我们，并且给予对方一种神奇的力量，甚至可以影响身边的人终身。这种拥有影响力的人，往往也是社会中最具成功素质的人士。

与权力不同，影响力不是强制性的。它是一个更为微妙的过程，是以一种潜意识的方式来改变他人的行为、态度和信念。它确实涉及了权力的某些方面，但它是通过人际劝服来进行的微妙的过程。与赤裸裸的权力相比，影响力没有那么直观——从它的本质来看，影响力比较间接和复杂，别人甚至意识不到你在使用影响力技巧。这种非直观的、更为微妙的本性赋予影响力一种内在的力量。

不仅被影响的人们无法抗拒影响力，就连施放影响力的本人，也无法阻止它对别人产生作用。职业篮球选手罗德曼不想做模范人物，只想做真正的自己。罗德曼不了解（或者是拒绝承认）他本身已经成为了模范人物。但是这个身份不是他拒绝就可以除去的，他是全家人、邻居、附近商店的人的榜样。他所选择的行业使他成为几百万人的榜样——如果他想的话，受影响的人数可能更多。

不管你的梦想是什么，或者是你打算要留下什么遗产给后人，如果你想要拥有影响力，你必须成为能够影响他人的人。除此之外，没有其他捷径可以影响他人的生命。如果你成为有影响力的人，也许有一天，当其他人写下改变自己生命的人名时，你的名字会列在其中。

对于女人来说，如果你渴望得到成功，或者是想正面地影响所处的世界，你就必须成为有影响力的人。如果你想要建立健全的家庭，你就必须要能够正面地影响你的孩子。如果你想成为一个魅力四射的女人，你首先也要有影响他人的能力。不管你的生命目标是什么，还是想要取得真正的成就，如果你能通过学习而成为有影响力的人，那么，你就能够更快、更有效率地实现你的目标。

在社交中展示优雅的风度

女人风度，又称女人气质、女人风韵等，它是女人在社会交往中最富有吸引力的因素之一，是女人内在文化修养和道德风貌的体现。有的人认为女人的风度美就是指青春、漂亮、好身材等。其实，这是对女人风度美的误解。女人美的气质不是靠先天的遗传，也不是靠东施效颦式的模仿，而是靠后天长期的培养而形成的，它通过女人的言行举止、表情神态、仪表服饰等自然而然地流露出来。它较之外表美更含蓄，更能够显现一个人的精神。女人要培养良好的社交形象，就必须努力追求风度美。

可是，女人怎样才能使自己在社交中展示良好的风度呢?

1. 要有饱满的精神状态

愁眉苦脸心事重重的样子在社交场合是不受欢迎的；萎靡不振、无精打采，别人会感到兴味索然，无法与你交往。但若是精力充沛、神采奕奕，就能使对方感到你富有活力，交往气氛也就自然活跃了。

2. 要有诚恳的待人态度

端庄而不矜持冷漠，谦逊而不矫揉造作，就会使人感到你诚恳而坦率，交往兴趣也随之变浓。但如果你说话支支吾吾、躲躲闪闪，别人就会感觉你缺乏诚意，而从此疏远你。

3. 避免没有教养的行为

女人要在各种社交场合上给人留下美好印象，就一定要注意风度与仪态。

（1）不要耳语。在众目睽睽下与同伴耳语是很不礼貌的事。耳语可被视为不信任在场人士所采取的防范措施，要是你在社交场合老是耳语，不但会招惹别人的注视，而且会令人对你的教养表示怀疑。

（2）不要说长道短。饶舌的女人肯定不是有风度教养的女人。在社交场合说长道短、揭人隐私，必定会惹人反感。再者，这种场合的“听众”虽是陌生人居多，但所谓“坏事传千里”，只怕你不礼貌、不道德的形象从此传扬开去，别人——特别是男士，自然对你“敬而远之”。

（3）不要闭口不言。面对初相识的陌生人，也可以由交谈几句无关紧要的话开始，待引起对方及自己谈话的兴趣时，便可自然地谈笑风生。若老坐着闭口不语，一脸肃穆的表情，便跟欢愉的宴会气氛格格不入了。

（4）不要失声大笑。不管你听到什么“惊天动地”的趣事，在社交场合中，都要保持仪态，顶多一个灿烂笑容即止，不然就要贻笑大方了。

（5）不要滔滔不绝，在社交场合中，若有男士与你攀谈，你必须保持落落大方的态度，简单回答几句即可。切忌忙不迭向人“报告”自己的身世，或向对方详加打探，要不然会把人家吓跑，或被视作长舌妇了。

（6）不要扭捏作态。在社交场合，假如发觉有人经常注视你——特别是男士，你也要表现得从容镇静。若对方是从前跟你有过一面之缘的人，你可以自然地跟他打个招呼，但不可过分热情，或过分冷淡，免得影响风度。若对方跟你素未谋面，你也不要太过于扭捏作态，又或怒视对方，有技巧地离开他的视线范围即可。

（7）不要当众化妆。在大庭广众下打粉、涂口红都是很不礼貌的事。要是你需要修补脸上的妆，必须到洗手间或附近的化妆间去。

（8）不要大煞风景。参加社交活动，别人都期望见到一张张笑脸，因此纵然你内心有什么悲伤，或情绪低落，表面上无论如何都应表现出笑容可掬的亲切态度。

才学要像林黛玉，交际要学薛宝钗

但凡读过《红楼梦》的人，无不为黛玉、宝钗两人的才情所打动。两人本无高下之分，但却很少有读者真心喜欢宝钗这个人物，大都觉得此人太过持重圆滑、工于心计。但就为人处世来讲，宝钗的“人缘学”却是值得女人学习揣摩的。也许人际交往不能缺少一些圆滑和心计。

宝钗人缘好的原因是关心人及体贴人。袭人因身上不爽，请湘云帮忙为宝玉做双鞋，宝钗知道湘云的难处，于是主动将活揽过来。她生日那天，贾母问她爱听何戏，爱吃何物，“宝钗深知贾母年老人，喜热闹戏文，爱吃甜烂之食，便总依贾母往日素喜者说了出来，贾母更加喜悦”。黛玉谈起自己的病情相当悲观，宝钗不仅要她换个高明医生，而且有鼻有眼地指出她药方有问题，提出改进意见：“昨儿我看你那药方上，人参、肉桂觉得太多了。虽说益气补神，也不宜太热。依我说，先以平肝健胃为要，肝火一平，不能克土，胃气无病，饮食就可以养人了。每日早起拿上等燕窝一两，冰糖五钱，用银铫子熬出粥来，若吃惯了比药还强，是滋阴补气的。”她还真诚地说：“你放心，我在这里一日，便与你消遣一日，你有什么委屈繁难，只管告诉我，我能解的，自然替你解一日。”因而黛玉亦认为自己往日是“藏奸”，确实错怪了宝钗。希望得到别人的理解和关心，乃人之常情，善解人意及乐于助人者总是受到一切人欢迎的。

即使是对待下人，宝钗也一向是宽厚的。香菱在她家中是侍妾的地位，而她却视她为手足，不仅生活上优待她，而且还为她排难解忧。薛贾两家的下人，也不论尊卑，她待他们都是彬彬有礼，不对谁特别好，也不冷淡任何一个不得意之人。当凤姐患病，探春奉命当家，王夫人命她协助。探春决定了把大观园中的花果生产交给几个老婆子掌管，宝钗就接着提出一种调剂性的主张，凡经管生产收入，除供应头油香粉外，其余盈余不必再行交到账房，作为经管人的贴补，而且应当也分些给其他的婆子媳妇们。这样，公家省了钱，又不显得太啬刻。其他未经手的人得到利益，也便不会抱怨或暗中破坏别人。于是各方面都欢喜叹服。

宝钗的处世哲学中体现了尊重他人、乐于助人、待人以诚等美德。无怪乎她在贾府赢得了上上下下一干人等的欢迎。她的成功也告诉我们，好人缘是需要付出的，真心的付出必将收获真情的回报。

好人缘的力量是神奇的。在交际场合长袖善舞的女性也许并不是貌若天仙的，但好人缘使她具有专属自己的独特吸引力，令她得到每一个人的欢迎和欣赏。她们如翩然起舞的蝴蝶，在人生的各种角色间轻松游走，自由切换，游刃有余。好人缘让她们不断收获成功和幸福。

在家庭里，她们会向亲人倾吐自己的欢乐和忧伤，也会及时送上自己的温情与慰藉；在职场里，她们会和同事们亲切地交谈，精诚合作、风风火火、奋力拼搏，也会为别人的成功，献上自己最真诚的祝福；在上下班的路上，她们会向熟人热情问候，和同伴海阔天空，也从不吝惜对陌生人问一声好；在朋友生日宴会上，她们会道上一声真诚的祝福。

她们无时无刻不把与他人联系当做是一种极大的欢乐。她们懂得尊重别人。人缘就像山谷的回音，你付出了真诚，回应的也是诚挚之心。与人为善，尊重他人也就是与己为善，尊重自己。她们拥有容人之量。人事纠缠，盘根错节，矛盾和摩擦都是无法避免的，小肚鸡肠者终日耿耿于怀，无法解脱；而宽容之人都能一笑而过，大度处之。她们最有人情味。关心他人、爱护他人、理解他人，在别人最困难的时候伸出友谊之手，“雪中送炭”，排忧解难。

她们待人以诚。在处理人际关系时，总是真心实意，心口如一，从不藏奸耍滑、戴上虚情假意的面具。她们总是光明磊落，胸怀坦荡。

好人缘，给女人一片展现自我的天空。与人交往，使女性不再孤独，理解、尊重、认可让女人生活得更有滋味。

好人缘，让女人的心田得到情感的滋润。常与人交往和分享，快乐更显生动，烦恼和忧伤不会久驻，心中永远是朗朗晴空，徐徐清风。

好人缘，为女人搭建成功的桥梁。“多个朋友多条路”，有好人缘的女人不会缺少成功的机会。良好人缘，让幸福女人的人生更加精彩！

借助贵人的力量往上走

“借助贵人的力量往上走”，这是雅芳CEO钟彬娴——全球最成功的华裔女性的成功经验。《时代》杂志曾经评选出全球最有影响力的25位商界领袖，钟彬娴是唯一入选的华人女性，她的成功之路被许多人认为是一个奇迹，而奇迹中蕴涵的奥秘看起来真的很简单。

1979年，一无背景、二无后台的钟彬娴以优异的成绩从普林斯顿大学毕业。当时她决定在零售业锻炼一段时间，然后再进入法学院学习法律。在她看来，零售业的经验将对她的法律学习有很大的帮助。零售业的经历可以培养她的悟性，锻炼自己的脸皮与耐性。于是她加入了鲁明岱百货公司，成为一名管理培训人员。

钟彬娴的家族都是专业人士，唯独她一个人入了零售行业。因此，当她面对零售工作，与客户打交道时，体会到了工作的艰辛。但她没有放弃，而是决心在工作中开拓自己的人脉。

幸运的是在鲁明岱百货公司，钟彬娴遇到了公司首位女副总裁万斯。此人自信机智，讲话清晰有力，进取心强烈，是女人中的精英。钟彬娴意识到，如果要在相互搏杀的商业社会里叱咤风云，就必须摆脱亚洲人善于服从的特性的束缚。于是，为了向万斯学习丰富的工作经验和技巧，钟彬娴像对待老朋友一样对待万斯，用心来交流，用真诚来互动，并很快取得其信任，让她心甘情愿充当自己的职业领路人。

“有些人只等着机会来临，”钟彬娴说，“我不这样，我建议人们要抓住能带你飞翔的人的翅膀。”在万斯的帮助下，钟彬娴在鲁明岱百货公司升迁很快，到了20世纪80年代中期，她已成为销售规划经理、内衣部副总裁。

后来，钟彬娴开始兼任有着110多年直销历史的雅芳公司的顾问。在雅芳，钟彬娴卓越的才华和超绝的人脉拓展能力吸引了雅芳CEO普雷斯的注意力。7个月后，钟彬娴正式加盟雅芳公司。时间长了，她发现在这里没有挡住女性升迁的玻璃天花板，女人也有很宽很广的发展空间。很快，钟彬娴便在雅芳拥有了自己的人脉资源，并以卓越的管理才能获得普雷斯的认可，与之结为好友。

一个没有任何背景的女性，在40岁出头就能有如此令人羡慕的成就，这不能不说是一个奇迹。而钟彬娴成功的关键就在于善于建立自己的人脉，找对了自己职业生涯中的关键人物。

生活中，每个人的精力和交际范围都很有限，如何在有限的交际中获得无限大的收益呢？80/20法则告诉我们：生命中，20%的付出将产生80%的回报（其余80%的付出却只收获20%的回报）；20%的人际，会对你的一生造成80%的影响。因此，让80%的人喜欢你，避开20%不必交的、不可交的人。

我们要知道，生命中有些人是没有必要深入交往的。比如旅游途中停留客店的房主、上班路上的售票员，这些多是远离你生活圈子的人，只要不让对方讨厌自己就够了。

还有的人是不可交的，所谓“择善而交”也正是这个意思。和那些思想堕落、行动腐化、不思上进的人混在一起，只会把自己引上歧途，降低自己的人格，还是远离他们比较好。

此外，努力让80%的人喜欢你，并和你生命中重要的20%的人建立深厚的感情和密切的联系。当然，这80%的人中包括了对你非常重要的20%的人，你应该和他们建立亲密的关系和深厚的感情。赢得家人的喜欢，增进和他们的感情，因为他们关乎你的成长和生活；多和学习、工作中的关键人物沟通，他们能帮助你顺利从业、愉快工作、寻求发展，这些关乎你一生的成就；和能深入你心灵的朋友多多联系，这关乎你的性情和性格……

俗话说："七分努力，三分机运。"我们一直相信"爱拼才会赢"，但偏偏有些人付出的努力和最终的结局无法成正比。究其原因，是缺少贵人相助所致。在向事业高峰攀登的过程中，贵人相助绝对是不可缺少的一个环节。有贵人相助，可以使你尽快地取得成功，甚至可以使你飞黄腾达、扶摇直上。

去头等舱才能与贵人相遇

生活中，不是随时随地都会遇见贵人，他们通常有比较固定的活动场所和朋友圈子，只有主动去接近他们，才有相遇相识的可能。看过《泰坦尼克号》的观众都为小平民杰克和贵族小姐露丝的爱情所感伤。杰克赢得了船票，才得以登上泰坦尼克号与贵族小姐露丝相遇。生活中，你要遇到你生活中的贵人，不去他们所在的头等舱，又有什么机会与他们相识呢？

有一个美国女人叫凯丽，她出生于贫穷的波兰难民家庭，在贫民区长大。她只上过6年学，也就是只有小学文化程度，从小就干杂工，命运十分坎坷。但是，她13岁时，看了《全美名人传纪大成》后突发奇想，要直接和许多名人交往。她的主要办法就是写信，每写一封信都要提出一两个让收信人感兴趣的具体问题。许多名人纷纷给她回信。还有一个做法是，凡是有名人到她所在的城市来参加活动，她总要想办法与她所仰慕的名人见上一面，只说两三句话，不给人家更多的打扰。就这样，她认识了社会各界的许多名人。成年后，她经营自己的生意，因为认识很多名流，他们的光顾让她的店人气很旺。于是，凯丽自己也成了名人和富翁。

凯丽的做法和“搭乘头等舱”的做法是一个道理，这就是所谓的“醉翁之意不在酒”。凯丽参加活动是为了结识名人，人们搭乘头等舱也是为了结识名流，而不是为了活动和旅行本身。

因为搭乘头等舱的乘客大都是政界人物、企业总裁、社会名流，他们身上可能存在许多重要的资源供我们挖掘。搭乘头等舱就可以为自己搭建高品质、高价值的人脉关系网，因为这里出现“贵人”的频率要远远高于其他场所。

这样的例子并不少见，有的人在短短几个小时的飞行中就谈成几笔生意，或者结下难得的友谊，这在经济舱内的旅行团体中是很难碰到的。

在现代社会，越来越多的人懂得了这个道理。所以，读MBA的人可能不是为了充电，考托福的人也未必想出国，考司法的人不一定要当律师。许多人原本是为了一张证书而进入某个圈子，后来却变成了融入某个圈子，顺便拿张证书。证书对于他们来说，仿佛已经不是一张许可证，而更像是一张融入某个社交群体的准入证。

当然，“搭乘头等舱”的意思并不狭义地指出入高级场所，也指找到贵人出现频率最高的地方和最易接近贵人的方法。

“搭乘头等舱”的做法看起来很容易，但懂得这个道理的人未必都能做到，这就需要掌握一些相应的要领了。

（1）要舍得付出，不要计较一些“小账”和眼前利益。去乘头等舱，出入一流地方，当然需要比较大的花销，但这笔花销所带来的利益和好处是显而易见的。所以，如果你总是舍不得手里的一些小钱，便等于将自己与贵人的圈子划清了界限，缩小了自己的交际范围。这样的人恐怕很难成就大事。

（2）要历练自己的风度和气质，成为一个举止优雅、文明大方的人，这样在一个较高层次的圈子里才能如鱼得水。这就是说要努力让自己融进这个圈子，而不是被圈子里的人嘲笑，被这个圈子排斥。试问，一个在餐桌上表现失态的人，怎么可能与一位上层社会的贵人相谈甚欢呢？

（3）不要表现得过于急功近利，无论你抱有什么样的目的，付出了多么大的代价，结交贵人都不是一天两天就可以大功告成的事。如果过于急切地表明自己的意图，甚至不惜做出谄媚的样子，那么你将失去贵人对你的好感和尊重，得不偿失。

学会高位蓄水

我们所处的是一个多变的时代，很多人喜欢用“瞬息万变”来形容这个时代。似乎很多东西都是我们把握不住的，对于成功的经验和模式也是如此，因此我们要学会把握成功模式和经验中最核心的东西。我们所要复制的不是成功人士的人生或者经历，而要学习他们的思维习惯。

心理学研究表明，环境可以让一个人产生特定的思维习惯，甚至是行为习惯。环境能够改变我们的思维与行为习惯，直接影响我们的工作效能与生活。和成功人士在一起，有助于我们在身边形成一种“成功”的氛围。在这种氛围中，我们可以向身边的成功人士学习正确的思维方法，感受他们的热情，了解并掌握他们处理问题的方法。

有这样一个故事，从中我们可以知道和成功人士在一起有多么重要。

“为什么你能成为千万富翁，而我只能成为百万富翁，难道我还不够努力吗？”一位百万富翁向一位千万富翁请教道。

“你平时和什么人在一起？”

“和我在一起的全都是百万富翁，他们都很有钱、很有素质……”那位百万富翁自豪地回答。

“呵呵，我平时都是和千万富翁在一起的，这就是我能成为千万富翁而你只能成为百万富翁的原因。”那位千万富翁轻松地回答。

由此我们可以看出，造成百万和千万富翁差距的是他们所处的环境不同，也就是说交往的朋友不一样。有时决定一个人身份和地位的并不完全是他的才能和价值，而是他与什么样的人在一起。女人要想取得成功，就必须结交一些成功人士，为自己平步青云铺路。

19世纪20年代初期，罗思柴尔德在巴黎发迹，不久之后他就面对最棘手的问题：一名犹太人，法国上流社会的圈外人，如何才能赢得仇视外国人的法国上层阶级的尊敬呢？罗思柴尔德是了解权力的人，虽然自己拥有财富，但是被那些成功的上流人士疏远，他无法获得更大的成功。因此，他仔细观察当时的社会，思考如何受那些上流人士的欢迎，只有在他们的影响下，他才能获得更多的财富和更高的社会地位。

慈善事业？法国人一点也不在乎。政治影响力？他已经拥有，再在上面花工夫只会让人们更加猜疑。他终于找到一个缺口，那就是无聊。在君主复辟时期，法国上层阶级非常无聊，因此罗思柴尔德开始花费惊人的巨款供他们娱乐。他雇用法国最好的建筑师设计他的庭园和舞厅，他雇用最驰名的法国厨师卡雷梅准备了巴黎前所未有的奢华宴会。

没有哪个法国人能够抗拒，即使这些宴会是犹太人举办的，罗思柴尔德的晚会吸引了越来越多的客人。

终于，罗思柴尔德的晚会使他与法国贵族社会打成一片，而不是仅混迹于商界。通过在“夸富宴”中挥霍金钱，他进入了更珍贵的文化领域。罗思柴尔德是通过花钱赢得贵族社会的接纳，但是他所获得的支持不是金钱本身可以买到的。往后几年他一直受惠于这些贵族客人，并将事业做得越来越大。

可见，和成功的人在一起不但能学习他们成功的思维和模式，还可以得到他们的帮助，让我们在成功的路上越走越远。但是，通常情况下，年轻女人很少有机会接近那些非常成功的人。没有关系，只要你的身边有一群准备成功的人，你也能被他们的情绪和冲劲感染，保持成功的欲望和信心。换句话来说，那些经历了失败、正在努力拼搏的人，也向你证明了某种方法的不可用性，这也是一种成功。

“曝光”自己，提高你的身价

如今，“炒作”逐渐发展成为一种时尚，捧红一个艺人需要炒作一下，湖南卫视对于“超女”的炒作则是将炒作发挥得淋漓尽致。捧红一个产品需要炒作，就像史玉柱捧红了脑白金、黄金搭档，虽然反复重播的广告让人有些反胃，但是在人们一边骂着垃圾广告的同时，总忘不了埋他们的单。就像自我炒作的芙蓉姐姐，算是红遍了中国的大江南北。一个名不经传的草根阶层，却因为在网上大秀自我而出名。而出名的“后果”便是赚到了大把大把的钞票，身价倍增。所以，在炒作时尚里，女孩也要跟上时尚的步伐，努力“曝光”自己，show出自己的本色，才可能提高自己的身价。

如今的社会不再是那个“酒香不怕巷子深”的社会，纵然我们是“皇帝的女儿”，要想嫁出去，也免不了要走出深宫，主动推销自己。

在这个世界上，真正比我们聪明的人只有5%，而比我们愚蠢的人，也只有5%，我们大多数人都是普通人。既然这样，我们靠什么理由去说服买家，证明自己比别人有更高的身价，更值得他选择呢？这里给你提供几个自我推销的技巧。

1. 确定交往对象

请考虑一下：你在公司里喜欢与哪些人交谈？他们对你有什么期望？你有哪些特点能够对你的“对象”产生影响？请注意观察优秀同事的行为准则，并学习他们的优点。

2. 善用别人的批评

许多营销部门利用民意调查表，了解消费者对产品好坏的评价。你也应了解别人对你的评价，应该坦诚地接受批评，从中吸取教训，应当注意言外之意。例如，如果你的上司说，你干活很快，那么在这背后也可能隐藏着对你的批评。

3. 要善于展示自己

要尽量展示自己的优点。例如，你的语调是否庄重、胆怯或令人讨厌？语调与身体姿势、行走、握手和微笑一样可以说明一个人的许多特性。

4. 精心包装自己

超级市场的货架上灰色和棕色的包装为什么那么少？这是因为没有人喜欢这些颜色的包装。你要不想成为滞销品，也应当检查自己的“包装”——服装、鞋子、发型。要经常改变自己的“包装”，时常给人耳目一新的感觉。

5. 说话要明确

说话要言简意赅，不要用“也许”或“我想只好这样”等词句来表达。上司一般都喜欢下属能有一个明确的态度，不论对人还是对事。

6. 占领“市场”，建立关系网

你在公司里的知名度怎么样？要使自己引起别人的注意，例如在夏天组织一次舞会或与同事们一道远足。要与以前的上司们保持联系，建立一张属于自己的关系网。

7. 适当地表露自己的成绩

不要怕难为情，大胆地说出你自己已经取得的成就。没有必要总是谦虚，有些女性不喜欢显露锋芒，因此得学会表扬你自己，尤其在上司面前显示自己的成绩。但要注意的是不要将之天天挂在嘴边，那样会使人厌烦；找准时机，不显山不露水地提及，让别人注意就应适可而止。

8. 不要害怕危机

如果你负责的项目遭到失败，既不要惊慌失措，也不要转而采取守势，而应勇敢地承担责任，积极寻找解决问题的办法。在紧张状态下头脑清醒、思路敏捷的人会得到上司的器重。总之，女孩要想提高自己的身价，就需要适时适地地“炒作”自己、推销自己。

第十三章

失恋而不失志

- 不要预设理想的标准
- 过分依赖爱情，也是一种病态
- 太爱他的时候就是失去他的时候
- 爱情越浪漫，越不容易长久
- 留给对方一个昂然的背影
- 让自己放手，也是一种魄力
- 坦然面对错过之痛

不要预设理想的标准

在许多家庭，尤其是在年轻人的家庭，经常会发生争吵。这是因为她不符合他所希望的妻子的理想标准，或者是他不符合她所希望的丈夫的理想标准。这种理想的标准或许在很久以前他（她）就已经为自己设计好了。他常常恼怒她对他不够关心，有时她沉默孤僻，穿戴得不够整齐，在客人面前说话不得体，教育孩子也不行；她常常生气他太不迁就自己，有时为了一件很小的事情，她会暗自生气，数落他好长时间。

于是，在不满的状况下，有时为了一个微不足道的原因，他（她）会情不自禁地暴跳如雷，用最恶毒、最难听的语言来骂她（他），仿佛是为了自己受到损害的理想而向她（他）报复。

他的暴躁激怒了她，她也毫不留情地带着同样的痛苦回敬他。他们之间反复发生的疏远常常破坏了这世界上最珍贵的感情——他和她的爱情。

他和她的过错仅仅是由于认为自己受了欺骗，老是互相生对方的气，但却碍于习惯和繁忙而很少做出努力，调整自己的想法，使对方接近自己心中抱有的理想。

千万不要预设理想中的标准，因为这种标准往往和现实的情况不符。而此时，如果你仍执迷于这些标准，必将会造成婚姻家庭的不幸。只有放弃这些标准，你才能够获得幸福。

有个女孩子，从小就喜欢吃西红柿炒鸡蛋。这个菜做起来很简单：切一个西红柿，打两个鸡蛋，再放一勺糖。

有时候，女孩痴痴地想：将来陪我吃西红柿炒鸡蛋的人会是谁呢？

她希望他不是军人也不是医生。他应该是一个高高瘦瘦的青年，有一头浓密的黑发和一双深深、足以让人陷进去的眼睛。

后来的日子里，女孩遇到了好几个符合理想条件的人，但相处短暂的时间之后，结局总是不得不分离。

一年又一年，女孩渐渐有些着急和失望了。

又一个春天，在郊游的时候，她意外地认识了一个男子——他是一名军医，人高高瘦瘦的，头发稀少，还戴着一副近视镜。

相识一周之后，他陪着女孩去补那颗坏了很久的门牙。走在路上，他紧紧握住她的手，靠近她耳边轻轻说：“等补好后，我就可以吻你了。”

每当他值班时，在黄昏时刻，女孩必然穿上心爱的长裙，怀里抱一个保温饭盒，穿过长长的充满消毒液气味的走廊，到外科诊室给他送饭。那天，打开饭盒，看见西红柿炒鸡蛋，他惊喜地叫了起来，吃了几口，却忍不住问她：“怎么是甜的？难道你做西红柿炒鸡蛋不放盐吗？”

偶尔，他也笑着对女孩说：“你和我想象中的女朋友完全不一样嘛，只有文凭还对。可是你经常写错单词，念大学时肯定整天打瞌睡、啃指甲……”

女孩温柔地摸摸男友微秃的头，忍不住也笑了……

女孩终于嫁给了军医。日子很平静，也很幸福。他们经常做两个人都爱吃的西红柿炒鸡蛋，只不过他做的时候加糖，她做的时候一定放盐。

想象中的爱情是一种理想，生活中的婚姻是一种现实。现实和理想难免有些出入，但是，这并不重要，恋爱靠的是缘分，美满的婚姻靠的则是互敬互爱。

有人说理想很丰满，现实却很骨感。的确，理想和现实之间总会存在这样那样的差距，如果一个人在现实面前老是给自己预设各种标准，若是达到了自己的标准还好，若是事情一次次达不到自己设定的标准，那么，我们就难免会失望，甚至时间一长就会觉得生活对自己不公平，老是不能如自己的愿。事实上，生活的所有事情是没有什么理想标准的，只是我们的心给自己设定了过高的要求。面对现实，我们应该调整自己的想法，而不是苛刻地要求别人。

过分依赖爱情，也是一种病态

在舒婷的《致橡树》里，诗人以橡树为对象表达了爱情的热烈、诚挚和坚贞，也传达出了诗人的爱情理想和信念：诗人不愿像趋炎附势的凌霄花一样要附庸的爱情，也不愿像为绿荫鸣唱的小鸟一样要奉献施舍的爱情，诗人想要的是以人格平等、个性独立、互相尊重倾慕、彼此情投意合为基础的平等的爱情。如站在橡树旁边的木棉，两棵树的根和叶紧紧相连，有风吹过，摆动一下枝叶，相互致意，便心意相通了。

爱情是伟大而平等的，不可过分依赖，否则只能导致病态。在爱情里还有一个著名的刺猬法则：相爱的两个人，有时候就像是冰天雪地里的两只刺猬，因为天气太冷，想靠近取暖，但一方的刺扎到另一方的身体时，大家都感到疼痛难耐。但是天气越来越冷，为了取暖，两只刺猬不止一次地尝试靠近又分开，如此反复多次，终于找出不会刺到对方，又能取暖的恰当距离。

这个法则告诉我们，两个相爱的人之间，只有保持适当的距离，才能使彼此不受伤害：过分依赖容易伤害对方，过分的疏远又感受不到对方的关怀，最恰当的是有点距离又不太远。然而，现实中，这个距离并不是那么容易把握的，稍不留意就会有所偏差。很多人过分依赖另一半，结果导致爱情和婚姻的病态。

王静，身材均称，外貌漂亮，性格也温柔可人，是每个人眼中的贤妻良母，而她的丈夫王博也堪称仪表堂堂，而且对王静也是一往情深。随着时间的增加，王静心里不知什么时候增添了一个奇怪的想法：为什么王博总是对我这么好，是不是做了什么对不起我的事情？于是，她便开始注意起来，不让王博离开她的控制范围。王博是一家外资公司的业务人员，业务上的应酬比较多，王静开始怀疑起来，他真的会有那么多应酬吗？她便开始了“查岗”，跟踪过几次之后，看到王博与男男女女出入酒楼、保龄球馆、娱乐场所，便更加不放心。她想出了一个对策，每当王博说有应酬时，她都不动声色，但是只要王博出门以后，她便会打电话。今天是自己突然得了急病；明天是宝贝儿子放学没有回家，找遍了亲戚朋友和儿子的同学家也没有找到，儿子失踪了；后天又是自己的钥匙锁在家里，而自己只穿了一套睡衣站在楼梯间……更离奇的还有父母出了车祸、家里遭了窃贼、自己被几个男人非礼……

王博爱妻心切，每次都上当回家，每次都无奈地苦笑，再以后是发火、愤怒、大吵。可是，王静铁下心来，坚持自己的做法。王博屡次与客户失约，或半途退场，生意也丢了一单又一单，最终在又失去一笔大生意后，被老板炒了鱿鱼，无可奈何的王博最终选择了跳下高高的铁桥。悲痛欲绝的王静怎么也想不到，这场悲剧的总导演就是自己，她想把丈夫完完全全地据为己有，却没有料到永远地失去了他。

王静的悲剧可能是个别的，但是，想控制自己的男人并将男人拴在腰带上的女人也许从未想过，属于世界的男人变成了只属于一个女人的腰带时会变成什么。是挣脱腰带扬长而去，婚姻破裂，家庭解体，想把门关牢结果却连门都被踢得粉碎；是男人被管得服服帖帖，变成了石榴裙下的奴隶，被妻子随意地操纵着，变成了妻子意志的工具；抑或是理解，相互信任，给对方一个自由的空间。这些都值得思索。

周国平在《爱情的容量》一书中直陈了智慧女性应有的爱情观：“由男人的眼光看，一个太依赖的女人是可怜的，一个太独立的女人是可怕的，和她们在一起生活都累。最好是既独立，又依赖，人格上独立，情感上依赖，这样的女人才是最可爱的，和她一起生活既轻松又富有情趣。”

“人格独立，情感依赖”，对现代人来说是一种理性的爱情观。希腊名言：“感情必须温暖理智，但理智必须诱导爱情。”说的也是这个道理，当深陷情网的时候，恋爱中的人都往往有一种盲目献身的精神，他们会认为为爱人所做的一切付出都是理所当然的，结果盲目地投入，过分依赖，亲手毁灭了自己的爱情，所以我们应该学会用理智合理的态度对待自己的爱情。

太爱他的时候就是失去他的时候

男人爱女人的过程是：爱—怕—烦—离开；女人爱男人的步骤是：无所谓—喜欢—爱—真情难收。当男人很爱女人时，女人可能还没有爱上男人，当女人逐渐地喜欢并爱上这个男人之时，也许正是男人厌烦了女人准备开溜之际。这是自古以来不变的规律，这就是为什么那么多女孩爱得越深，越容易失恋的根源。男人的爱是把天鹅逐渐变成癞蛤蟆的过程，而女孩的爱则是把青蛙逐渐变成王子的过程。这么不对等的爱，受到伤害的当然是爱得无法自拔、把爱人当成整个世界的女孩。

小柔是公司里的四大美女之首，有着天使的容貌和魔鬼般的身材，所以刚到公司就被无数的男同事一路狂追。在这些男孩中，俊锋并不是最优秀的，小柔起初也不喜欢他，但是自从那次他送她去了医院之后，在她情感最脆弱的时候，她莫名地爱上了他。也许，在这个世界上，几乎所有热烈的爱情都是由心灵空虚点燃的。这种爱，像闪电，女人的一生中也许都在盼望着这种“闪电”，并为之沉迷。

顺理成章地，小柔成了俊锋的女朋友。这可把俊峰给乐坏了，整天带着小柔在朋友们面前炫耀。看着死党们羡慕的眼神，他甚至有些飘飘欲仙的感觉。不过，喜欢归喜欢，俊峰并不想一天二十四小时陪在小柔身边，因为还有更多吸引他的事情要做，比如和朋友们出去喝酒，和死党们玩游戏。但是小柔自从爱上俊峰之后，却只想成天和俊峰黏在一起，即使两人只是傻傻地坐着，什么都不做，只要能看到俊峰，闻到他熟悉的气息，小柔都会觉得很幸福。他的一切，就是她的一切，一切的忧伤与幸福，全都是围着他一个人转。似乎拥有了男孩，她就拥有了一切。

渐渐地，青蛙王子俊峰再也不想忍受小柔的花痴表情，对她越来越冷淡。小柔抱怨他的冷漠，他却嫌小柔太黏糊。俊峰每次争吵之后摔门就走，去和死党们狂欢。而小柔却终日以泪洗面。为了能和俊峰天天在一起，她开始学习打篮球、玩魔兽，甚至学着喝酒，她以为这么做了，就能完全融入到俊峰的世界。然而，她越想融入，俊峰就越是抗拒。

终于有一天，俊峰冷冷地对小柔说："我们分手吧！"小柔想挽回，但是俊峰毫不留情地跟着其他女人走了。

这样的故事，也许已经在很多女孩身上上演过了。她们不明白，为什么那么深地爱一个人，他却离开自己呢？小柔在失恋之后，好朋友在QQ里给她发了一首叫《绿袖子》的英国民歌（后被网上一位叫莲波的才女以诗经的格律翻译出来），这首歌旋律非常忧伤，小柔一遍又一遍地听着，终于有所觉悟。

袖底风·绿袖

我思断肠，伊人不臧。Alas my love，you do me wrong
弃我远去，抑郁难当。To cast me off discourteously
我心相属，日久月长。I have loved you all so long
与卿相依，地老天荒。Delighting in your company
绿袖招兮，我心欢朗。Greensleeves was all my joy
绿袖飘兮，我心痴狂。Greensleeves was my delight

绿袖摇兮，我心流光。Greensleeves was my heart of gold

绿袖永兮，非我新娘。And who but my Lady Green sleeves

我即相偎，柔荑纤香。I have been ready at your hand

我自相许，舍身何妨。To grant whatever you would crave

欲求永年，此生归偿。I have both waged life and land

回首欢爱，四顾茫茫。Your love and good will for to have

伊人隔尘，我亦无望。Thou couldst desire no earthly thing

彼端箜篌，渐疏渐响。But still thou hadst it readily

人既永绝，心自飘霜。Thy music still to play and sing

斥欢斥爱，绿袖无常。And yet thou wouldst not love me

绿袖去矣，付与流觞。Green sleeves now farewell adieu

我燃心香，寄语上苍。God I pray to prosper thee

我心犹炽，不灭不伤。For I am still thy lover true

伫立垅间，待伊归乡。Come once again and love me

这首歌是国王亨利八世为一位绿袖姑娘写的，听这首曲子的时候，我们会忧伤得心碎，被他的痴情感动得一塌糊涂。但却不曾知道，他是一个相当暴戾的男人，一生娶了6位妻子，厌倦一个杀一个。直到某一天，他在郊外狩猎的时候，遇到了一个女孩，她披着金色长发，太阳光洒在她飘飘的绿袖上，美丽动人。只一个偶然照面，他们眼里，就烙下了对方的影。但她知道，他一旦得到她，就会厌倦她如别人，她也难逃一死……唯有选择逃离。她躲了他一生，而他却爱了她一生。他命令宫廷里的所有人都穿上绿衣裳，缓解他的相思。他寂寞地低吟着："唉，我的爱，你心何忍？将我无情地抛去！而我一直在深爱你，在你身边我心欢喜。绿袖子就是我的欢乐，绿袖子就是我的欣喜，绿袖子就是我金子的心，我的绿袖女孩没人能比！"终其一生，他不曾得到她，一瞬的相遇，从此成了永恒。

也许放弃，才能靠近你。不再见你你才会把我记起。对于男人来说，得不到的，才是最好的。女孩们总是以为越爱他就越能得到他的爱，但却忘记了，太爱一个人，就是失去他的时候。当你什么都给了对方的时候，你在他的眼中就什么都不是了，因为你已经拿不出任何可以给他的东西了。想想看，男人还未发起进攻，你就主动投降；男人还未伸手去要，你就双手奉上；男人只是嘴上说说，你就马上去做……男人会觉得，一切都来得太简单了，既不刺激也没挑战性，他们会心安理得地享受着你奉上的一切。最初的时候可能会有一点新鲜感，但时间长了也就腻了，心里也开始痒痒地转而寻求新的目标了。

在爱情的世界里，谁付出的多，谁注定要受到伤害。女孩子们在用心去爱的时候，一定要懂得保护好自己。不要什么都毫无保留地交给对方，要尽量让他把什么都交给你。当他把时间、金钱、精力、心思全部都耗在你身上之后，就算你想把他一脚踢开，他也不会同意。

爱情越浪漫，越不容易长久

在《人之初》杂志上曾经刊登了一篇名叫《别了，我的浪漫女友》的文章，其中写道：

> 我跟我的女朋友是在大学里认识的。她叫刘岩，是一个聪明活泼、充满了灵性也喜欢浪漫的女孩。我是一个喜欢在女孩身上多花费心思的人，经常会制造一些浪漫，一来二去，我们两个人就相爱了。
>
> 大学里的恋爱都是美好的，虽然要上课，但是空闲的时间比较多，没有压力，所以玩的心思就比较重。我总是想出一些既浪漫又刺激的点子来给她惊喜，所以那段日子过得很开心。毕业以后，我们都留在了上海，租房过起了小日子。我们的爱情还在继续，可是对于浪漫的心情和体会却变

得不同了。刚刚踏上社会的我，觉得工作压力很大，再加上没有了父母的供给却要养家，所以觉得很辛苦。

当一个人被生活压得喘不过气的时候，就没有心思再玩浪漫了。可是她依然如同在学校里一样爱玩。我不能陪她的时候，她就找别人。很快地，她在网上结识了一批新朋友，并且经常参加网友组织的新奇而又浪漫的活动。比如加入“快闪族”，就是一些互相不认识的人通过网络给大家发布指令，约好时间和地点，之后突然集体现身在那里，做一些很奇怪的事情，引起周围人的好奇。可是，不等周围人弄清楚他们在做什么的时候，他们却以很快的速度离开了。当然还有一些更为荒诞的事情。参加这些活动的女生中，有很多都是男友陪着来的，尽管男人的压力越来越大，可是为了保住爱情，那些男人不得不牺牲自己的工作和休息时间，陪着女朋友玩着所谓的“浪漫”。

有时候，看着女友拿回来的照片，其中女孩子个个笑容满面，可是参加的男孩多数都是满脸的无奈时，我就对刘岩说：“你看看，参加这样的活动，要造成多大的浪费啊！不知道这次活动之后，她们的男朋友又要多加班多少个日子才能攒够下次参加活动的费用呢。”刘岩不仅没有赞同我的说法，反而露出了鄙夷的面容：“你就知道心疼钱，生活是要浪漫才有滋味的，整天都在那为着柴米油盐发愁，有什么意思啊？”并且坚称，我可以不陪她，但是不能阻止她追求浪漫的人生。

有一次，刘岩得知北京新开了一家“黑暗”餐厅，据说是中国第一家以“黑暗”为主题的餐厅，所以她非常兴奋地要求我陪着她去体验。“我们在黑暗中进食，你喂着我食物，我却咬到了你的手指……”她这样说，可是我觉得她对浪漫的追求已经到了极端，就没有答应她的要求。

后来，她一个人去了北京，我们的爱情也结束了。

就如同文章的作者在故事最后的感慨：那间充满了浪漫的餐厅不仅将光线调到了黑暗，同时也把我们的爱情送给了黑暗。

生活里，大多数女人都喜欢浪漫，即使是整天为了家事忙碌的几十岁的女人，也希望老公能够为自己送上一束花，或者出其不意地给自己一个惊喜。这种浪漫是实际的，是以照顾好生活为前提的。这个故事里的刘岩所追求的浪漫，已经超出了别人所能承受的生活水平，她对浪漫的追求，就成了男朋友的负担。

越是浪漫的爱情越容易消逝。浪漫就如同一道甜品，如果一直被苦涩的生活折磨，那么偶尔玩一次浪漫，也许会让我们觉得很幸福。可是如果把浪漫当成一种任务，每天都必须完成，那么很容易就会让对方感觉到疲倦。

浪漫是一种幸福的感觉，但是它需要人们的投资，这其中包括精神和物质两方面。精神上，人们要费尽心力去满足对方不断变化的欲望；同时物质上也需要一定的投入。就如同影星梅婷的男朋友，为了给她送一次“便当”而雇用了一架飞机，这样的浪漫没有经济实力的人是承受不起的。所以，女人追求浪漫，给枯燥的生活解解闷，这并没有错，错的是不能考虑自己及对方的实际情况，不能顾及以后的生活。

浪漫跟生活是两条会相交但是不重合的直线。交点处，我们可能会感觉到浪漫生活的好处，但是当这个交点结束后，两条线就都会朝着自己的轨迹走远。两个相爱的人，如果男人已经回归了生活，而女人依然希望坚守浪漫，那么这份爱情恐怕也会随着那两条线的轨迹渐行渐远了。

留给对方一个昂然的背影

爱情，就像两个人在拉猴皮筋，疼的永远是后撒手的那个……女人，当爱情已经变味，当你深爱的男人甘当爱情的叛徒，何必执着？风过了就过了，他走了就走了，一切已经无法回头，那又何必再想，何必苦苦哀求？更不要向他报复，要知道，你的幸福其实就已经是对他最大的报复。

爱情之所以是美丽的，正是因为它是自由选择的。他爱你的时候是真的爱你，他不爱你的时候也是真的不爱你。这是他的自由，这是他的选择。女人的人生，不必为他人的自由选择背负责任，你有你的自由，你有你的选择。当爱已远走，何必强留？

一个女人，静静坐在化妆台前细致地描绘自己的妆容，一个朋友风风火火地推门进来，满脸掩饰不住的惊慌：你的丈夫和别的女人私奔了。她脸色白了，拿眉笔的手一抖，眉毛有点斜了。她对着朋友挤出了一个惨然的微笑，接着画自己的眉毛。十几分钟后，她走上了舞台，精致妆容的脸上带着一如既往的灿烂微笑。在舞台上，她和观众互动，说着轻松的笑话，她让观众十分开心。回到后台，她静静地褪下妆来，仍旧没有淌下一滴眼泪。这个女人，就是创立了羽西化妆品的靳羽西，婚变并没有击垮她的意志，反而激发了她的干劲，创造出无限精彩的人生。而无论她走到哪里，都是笑意盈盈。

爱情不是单行道，一个人的爱情不是爱情，爱情要在两个人的共同呵护下才能绽放出美丽的花朵。如果其中一人心生去意，注定这朵爱情之花会凋谢。女人相较男人而言，更具有无私奉献的痴情精神，也更脆弱，更容易受到伤害。但爱情这个东西是无法解释的，也难以分辨对错。在爱情破产之后，女人再恒久地期盼和等待，只能换来更深的痛苦和寂寞。既然心已走远，弥补和挽留又有何用，还是将目光朝向未来吧，前面路上还会有鲜花和希望，多给自己一次机会，你会发现风景这边独好。

当他离去，你不必一边哭泣，一边埋怨自己“他不要我，只是我不够好”，这只是一句蠢话，并非事情的症结所在。或许正是你的好，让他倍感压力，从而心生去意。他觉得与你在一起不能彰显他的强大，他感到了深深的疲惫，渴望挣脱你的阴影。所以，王菲输给了高原，而邵美琪输给了梁咏琪。人们之所以坚贞，往往是因为诱惑的力量不够大。

在古代，如果你没有卓文君的绝妙文笔，写不出“闻君有两意，故来相决绝”的诗句，去打动郎君的铁石心肠，就只能悲戚戚哭回娘家。在如今这个时代，弃妇本身已没有那么严重的悲剧意义。做弃妇不可怕，可怕的是被抛弃后一蹶不振，终生潦倒。弃妇所要做的就是应该不动声色，继续生活。像王菲那样漫不经心地赚大钱，没了你，我亦能爱上别人；或像邵美琪那样，被你抛弃后，只字不谈，绝不将个人哀怨放到桌面上；即使向隅低泣，也不做祥林嫂。

在感情的世界里，全身而进，也要全身而退。当爱情来临，不要怀疑，全身心地投入幸福的甜蜜之中，当爱情之花凋零，亦要决绝地抽身离去。别去恨他，因为恨也是一种变相的爱，证明你还留恋曾经的美好，证明你心中残存一丝纠结。恨也需要力气，对于一段无可挽回的往事，何必再耗费你的力气呢？不如潇洒地和过去挥一挥手，道一声别，留给对方一个昂然的背影。

让自己放手，也是一种魄力

很多事情，不是努力了，就可以解决问题，例如爱情。“爱到尽头，覆水难收”，勉强维持没有爱情的关系是没有意义的。当爱情已经走到了“灰飞烟灭”的尽头，无论你如何费尽心力去维持它，都于事无补。爱是一种自自然然的感觉，爱散了、淡了，就随他去吧，何必死缠烂打、寻死觅活呢？你不过失去一个不爱你的人，他却失去一个真爱他的人，他就算是吃了这么大的亏都不要你，你再继续纠缠下去，你认为他还有回心转意的可能吗？你认为你还有多少尊严和光彩吗？

很多女人心里也明白自己不想放弃的人，未必就能和自己一直走到老。可是，因为占有欲太强，她们还是会做出各种不理智的事情。

爱情不是盛开在天堂里的花朵，在这个纷繁复杂的物质社会里，爱情也常常会受到各类“病毒”的侵袭，遭遇一些或大或小的冲突。当爱情的伊甸园危机四伏时，是坚守还是突围呢？突围后又是否能有个灿烂的未来呢？越来越多的女人为此举棋不定，日夜嗟叹。

“天涯何处无芳草，何必单恋一枝花”，世界上男人多得是，该放手时就放手，该转身就转身，适应离开他的生活，你会发现，没有他在的日子，你照样快乐飞翔。

于悦曾经听妈妈讲过她和爸爸之间的爱情故事，很美、很浪漫。她为此感到骄傲：自己的父母是因为爱而结婚的！甚至在一年之前，她仍然认为他们会一直相爱到白头。可理想和现实终究是有距离的。

那是一个飘雪的冬日。清晨，她被爸妈的争吵声惊醒。她走出房门，见爸爸正在穿大衣。

“这么早，你要去哪儿？”她想拦下爸爸。

“这个家已经没有我的容身之地了！”爸爸大吼着冲了出去。

妈妈倒在沙发上，无声地哭泣着。自那以后，爸妈天天吵，时时吵，刻刻吵。她不得不充当和事老的角色，不停地去平息他们的战火。如此持续了几个月，大家都已经筋疲力尽了。突然有一段日子，他们不再吵了，而是变得相敬如“冰”，谁都懒得多看对方一眼。爸爸日日晚归，有时整夜都不回家。妈妈还是原来的样子，照常做饭洗衣，只是郁郁寡欢，难得一笑。

一天，于悦实在忍不住了。“你们离婚吧。你们早就想这样了不是吗？只不过碍于我而迟迟不下决定，实际上我没有你们想的那么脆弱。既然不再相爱，何苦硬是凑在一起？即使你们离婚，也仍是我的爸爸妈妈，我也仍然是你们的女儿。”

妈妈哭了，这于悦早就料到了，但她不曾想到的是，爸爸竟然也流下了眼泪！

半个月之后，爸爸搬出了他们曾经共有的家。于悦现在生活得很自在，她的爸爸妈妈也过得很快乐。

爱情没有尺度来衡量，婚姻没有标准来量化。如果这份爱走到尽头，没有挽回的余地，那就放手吧。爱过知情重，醉过知酒浓，爱过了也是一种人生。就算两人爱得如胶似漆、难分难舍，到了生命的尽头，两人依旧要分离。既然迟早都是离，早点离开也未尝不可，生命还长，多领略几处风景，也很不错。如果实在难以割舍，那么告诉自己，放手也是因为太爱他，然后，将这份情深深地埋在心里，等待时间告诉你一切的结果——那就是，生活并不需要无谓的执着，时间会冲淡一切。生命中没有什么不能被真正割舍——女人，让自己放手，也是一种魄力。

坦然面对错过之痛

原本很相爱的男女，或因一件小事，又或因一丝诱惑，两人分离了同行的轨迹。若干年后，兜兜转转，始终没能遇上更好的，于是曾经的怨气都变成了思念，这时，心里开始思念曾经的那个人：原来，我错过了最好的……

人生中最令人惋惜的莫过于，因为一棵树，而错过了整片森林；因为摘一颗星星，而放弃了整片天空。等年华不再，才发现，因为一次，所以错过了所有。如果那个人能与你相濡以沫，一生只爱一个人，那是人生中最大的完满。但是，如若一生只爱一个永远得不到的人，那只是一种激烈的偏执。

人生无法十全十美，人要想活得舒坦，就要学着接受“错过”之痛。在网上看到一个故事，恰恰是很好的注解。

大学同学组织聚会，毕业十年，如今都已是而立之年，我惶惶地去了聚会的酒店，还没进包间就听到里面嘈杂的声音。推门进去，大家都热情地拉住我，各自在席间谈论着毕业后的生活和事业。

忽然我听到有人提起他，盼目四顾，却没有他的踪迹。“他怎么样了？”我小心翼翼地问我身旁的女同学，“他啊，”她意味深长地看了我一眼，似乎说你们当初的关系，你怎么可能不知道他的情况呢？“这次的聚会就是他发起的，所有的费用也是他出的，听说他毕业后发了财，娶了一个集团老板的女儿，现在可是风光的不得了呢！”

我不禁想起毕业前夕，妈妈逼我和他分手，说他是个穷小子，跟着他不会有好日子过，而我虽然当时依然很爱他，但在现实的面前，我也不得不承认，和他在一起，我是会吃苦的，当我告诉他我要和他分手时，他只是平静地说："总有一天，你会知道，你今天的选择是错误的。"

"看，他来了。"旁边的女同学让我往门口看，他依然是和当年一样的神采，同学们都纷纷去和他握手，他身边还依偎着一个着装华丽的女子，那一定是他太太。他看到了我，牵着女子的手来到我面前，微笑着说："你好，介绍一下，这是我太太，这是我大学的好朋友。"女子淡淡地笑着，那么得体。我却显得有些狼狈。

他随后便在同学之间谈笑风生，他是在故意贬低我吗？让我知道他如今多么优秀，而我当初多么世俗，就那样抛弃了他。

聚会后，大家去了包间唱歌，我坐在角落里，他忽然坐到我旁边，"怎么了，不开心？"

"你是在羞辱我，你还在恨我？"我低着嗓子说。

他笑笑，点起一支烟，"我的确恨过你，不过现在不恨了，如果不是你，也许我现在还不会拥有这一切。"

我觉得嗓子哽塞，他继续看着我说："我曾经发誓要在获得财富后，重新站到你面前，让你追我，让你认识到抛弃我是多么大的错误，可是在我真正拥有了这一切时，我发现多么可笑，我竟然不会再想起你，我和你，在大学毕业那一刻，就已经曲终人散了。"

我还想说什么，那边有同学叫他和他太太合唱歌曲，他笑着去了，在包间中央，他搂着他可爱的妻子，深情款款地唱着《我是你的幸福吗》。

我看到了你眼中的幸福，而我还没来得及告诉你，我在离开你以后嫁人了，可是那个人背叛了我，我们现在正在打一场无休无止的财产官司，我离幸福已经很远了，其实这些我都没必要告诉你，因为我们已经是上一支曲子了，而现在你和你的妻子才是真正优美的曲子。

故事中的"我"，十分坦然地面对那份错过的爱，即使自己的婚姻并不幸福，也不再懊悔当初的决定，相信她带着这样的心态，一定会再次寻觅到自己的幸福。

很多时候，我们总是自觉不自觉地把得不到的东西当成是宝贝，却把容易得到的东西当成理所当然的不珍惜，一错再错，结果错过更多。所以，错过了，就一定要坚定地放过。与不爱的人相忘于江湖，才能有机会与相爱的人相濡以沫。有的东西你再喜欢也不会属于你，有的东西你再留恋也注定要放弃，人生中有很多种爱，但别让爱成为一种伤害。

第十四章

成功驾驭婚姻

- 爱情与婚姻的温差
- 做好妻子是女人一生的事业
- 长久的爱是恒久的忍耐
- 离婚告诉你爱的真谛
- 家是讲爱的地方，不是讲理的地方
- 不要和不幸的人共度余生

爱情与婚姻的温差

婚姻生活远比爱情来得更长久、更细致、更现实。婚姻能够彻底地改变一个女人，从外表到内心。爱情和婚姻的温度是不同的，爱情是滚烫的，而婚姻却是温暖的，许多人正是由于无法适应婚姻与爱情的温差，而让双方的感情越走越远。

一对曾经让人羡慕不已的恋人，在结婚一年后吵吵闹闹地走上了法庭，要求离婚。朋友、家人都十分惊讶，力图劝说他们："相恋5年，多少次花前月下，为什么反目成仇呢？"妻子委屈地说："他曾说爱我一辈子，可是现在他宁肯欣赏那些街上的漂亮女孩，回到家，也懒得看我一眼，还挑三拣四。"丈夫生气地说："你不也一样，在外面都能和颜悦色、温柔体贴地对待每个人，回到家里，总是板着脸，絮絮叨叨，总是强词夺理，越来越像个泼妇！"

调解员说："你们都希望对方永远爱自己，可是却经受不了生活中的平凡琐事，自己反省一下，是不是这样的情形？你们有很深的感情基础，生活应该多制造一些爱的氛围，平凡的生活也有其独特的魅力，试着去寻找吧！"

婚姻是由无数个琐碎的细节叠加而成的，所以说琐碎的生活成就了爱情的永远。在琐碎中发现乐趣，在琐碎中互相谅解，这是拥有美满婚姻的宝典。

一位社会学博士生，在写毕业论文时糊涂了，因为他在归纳两份相同性质的材料时，发现结论相互矛盾，一份是杂志社提供的4800份调查表，问的是：什么在维持婚姻中起着决定作用（爱情、孩子、性、收入、其他）？90%的人答的是爱情。可是从法院民事庭提供的资料来看，根本不是那么回事，在4800例协议离婚案中，真正因感情彻底破裂而离婚的不到10%，他发现他们大多是因小事而分开的。看来真正维持婚姻的不是爱情。

例如0001号案例：这对离婚者是一对老人，男的是教师，女的是医生。他们离婚的原因是：男的嗜烟，女的不习惯；女的是素食主义者，男的受不了。

再比如0002号案例：这对离婚者大学时曾是同学，上学时有3年的恋爱历程，后来分在同一个城市，他们结婚5年后离异。原因是：男的老家是农村的，父母身体不好，姐妹又多，大事小事都要靠他，同学朋友都进入小康行列，他们一家还过着紧日子，女的心里不顺，经常吵架，结果就分开了。

再比如第4800号案例：这一对夫妇结婚才半年，男的是警察，睡觉时喜欢开窗，女的不喜欢；女的是护士，喜欢每天洗一次澡，男的做不到。两人为此经常闹矛盾，结果协议离婚。

本来这位博士以为他选择了一个轻松的题目，拿到这些实实在在的资料后，他才发现《爱情与婚姻的辩证关系》是多么难做的一个课题。他去请教他的指导老师，指导老师说："这方面的问题你最好去请教那些金婚老人，他们才是专家。"于是，他走进大学附近的公园，去结识来此晨练的老人。可是他们的经验之谈令他非常失望，除了宽容、忍让、赏识之类的老调外，在他们身上也没找出爱情与婚姻的辩证关系。不过在比较中他有一个小小的发现，那就是：有些人在婚姻上的失败，并不是找错了对象，而是从一开始就没弄明白，在选择爱情的同时，也就选择了一种生活方式。就是这种生活方式，决定着婚姻的和谐。有些人没有看到这一点，最后使本来还爱着的两个人走向了分手。走进婚姻，不意味着放弃爱情，虽然爱情是热烈的、滚烫的，婚姻是真实的、温暖的。其实，只要二者真正融合，你就会发现这才是人生最舒服的温度。

做好妻子是女人一生的事业

艾森豪威尔夫人曾经说过：“生活带给女人的最伟大生涯，就是做个妻子。”一个女人照顾好全家人的饮食、起居、培育好孩子，全心全意营造好一个家庭的幸福和快乐……难道这个世界上还有其他的工作比这些更加值得尊敬，对个人乃至整个社会更有意义、更有价值吗？

一位杰出的社会学家曾说过，当今的女性已经不再认为处理家务有什么重大的意义了，她们觉得在家庭这样一个狭小的环境里，即使把女性的才智发挥到完美程度，对社会来说也没有多大的价值。所以，当一个女人向别人介绍自己说她“只是一个家庭主妇”的时候，总会感到有点畏缩、带点自卑。

其实，一个女人能把全部的时间和精力都奉献给她的家庭和家人，她是应该为此感到自豪的。要知道，她在生活中所扮演的角色，所需要的各种才华，比一个女演员在一次职业表演赛里所需要的各种技艺要多得多。你可真正用心想过，只是一个家庭主妇，会需要具备多少专业技能？她必须是洗衣工、厨师、裁缝、护士、保姆、打杂工、兼任司机、书记员和记账员、购物专家、公共关系专家、女主人、人事主管、顾问、牢骚发泄对象、总经理和主管，等等。

当然只有这些还不够，如果她想要在自己丈夫的心目中保持闪烁的光芒的话，这位小女士还必须保持自己的吸引力和魅力，并时刻注意自己的装扮和形象。

家庭主妇的工作对丈夫事业上的成功会有多大的影响力呢？就让玛丽妮亚与佛狄南博士来回答这个问题吧，他们是《女人！被忽视的性别》这本名著的作者。他们说：“研究结果很明显，由于妻子在家里做了大部分的工作，便不必再雇请别人了，因此，丈夫收入的有效运用价值，便增加了30%～60%。”

况且，许多最著名的人士，也都是因为其妻子的大力协助才获得成功的，这些妻子对于自己“只是一个家庭主妇”的工作，都认为非常崇高且极有意义。艾森豪威尔总统的夫人就是一个典型的例子。

《今日女性》杂志刊登了美国总统艾威豪威尔的夫人的一篇名为《如果我现在又当了新娘》的文章。在这篇文章里，艾森豪威尔夫人说出了她最崇高的信念：“生命带给女人的最伟大生涯，就是做个妻子。”

“洗小孩子的尿布和全家人的脏衣服，的确是一件令人感到乏味的事。一个家庭里每天都有要做的事，有时候看起来就像是一些毫不重要的、可有可无的小工作，而且这些琐事好像永远也做不完！尤其当你的丈夫带回来许多重要消息，并且向你询问：‘你今天做了什么事呢，亲爱的’的时候，而你所能说的只是‘噢，我今天付了水电费……’

“就是在这些时刻，一定会使你很想到外面找个工作，同时赚些收入。但是，如果你不向那个诱惑屈服，你的生命将可以获得更多的报偿；如果你向诱惑屈服了，20年后你将发现自己除了有一个职业外，一无所有，或是你会惊讶地发觉，你将面对一个被遗弃的家庭！这时候，你岂不是追悔莫及！

“假如我现在才结婚，我还是愿意像以前一样专心做个家庭主妇。我将努力扮演好自己的角色，善用我丈夫微薄的薪水来料理每一项家务，多结交一些朋友，每天早上都可以开心地看着他吃完热腾腾的早饭后才去上班，我要尽我最大的能力，帮助他实现自己的任何理想。

“家庭主妇是我的工作和乐趣。尽我所能，想尽办法，使艾森豪威尔的家永远保持和谐安定，这是我感到最奇妙、最有价值、最繁忙而快乐的生活！”

作为“只是一个家庭主妇”的玛莉·艾森豪威尔做得可真不赖，她已经帮助她的丈夫住进了这世界上最大的房子——白宫！

长久的爱是恒久的忍耐

有一部广受喜爱的电视剧《金婚》，讲述的是一对夫妻在漫长的50年婚姻生活中的琐碎，有初婚的甜蜜，有相互的指责、争执，有中年的疲倦，有遭遇外来诱惑的犹豫，到最后老年的相濡以沫，真实而生动地展现了婚姻的真谛，爱是永恒，但爱不仅仅是玫瑰的娇艳，也有咖啡的苦涩，这才是真正的婚姻，这才是真正的生活。

而在童话故事中，无论是灰姑娘，还是白雪公主，她们都最终和心爱的王子“有情人终成眷属”。故事到此戛然而止，人们从来不去猜想接下来他们的婚姻生活如何，是不是也有争吵？是否也有抱怨？是否也会因“七年之痒”而劳燕分飞？他们真的就能相敬如宾、白头偕老？人们不愿去想，只愿意去品味爱情的浪漫、甜蜜，而不愿去想象婚姻的琐碎。

正所谓：“相爱容易，相处太难。”如果说相爱是一个甜蜜醉人的梦，那么相处就是一个不识相的闹钟。不可否认，爱情常常是在一个充满想象的空间里，因为思念、回忆、憧憬和距离而愈加美丽动人。而当距离消失，想象便失去了飞翔的翅膀，爱情如仙女落入凡尘，柴米油盐、喜怒哀乐、生老病死交织而成的平淡生活渐渐洗去了她的铅华，生活的现实几乎掩盖了浪漫的光环。往日炽热专注的目光变得漫不经心，不厌其烦的绵绵情话变成了言简意赅的三言两语，平日看不够的举手投足渐渐觉得有些碍眼……是不爱了吗？那曾经有过的一切分明历历在目；还爱吗？感觉似乎又不同于从前……

爱情是两个人相互爱慕相互倾心的丰富的思想感情，它是精神的，所以也是浪漫的，可以不考虑明天的早餐，可以不考虑烦人的家务，可以不考虑柴米油盐酱醋茶，只管尽情地谈情说爱聊些风花雪月的事；而婚姻是两个人因结婚而产生的夫妻关系，一提结婚自然要买房子买家具，也必然要穿衣吃饭生孩子，衣食住行一样也不能少，而这些都是物质的，深深地扎根在现实的土壤里，因此它是现实的。

很敬佩父母那一辈人，他们大多是相濡以沫白头偕老的。记得在《读者》杂志上读到一则小故事：一对性格完全不同几乎是水火不相容的人，却成就了五十多年的好姻缘。有人问老妇人，这么长的岁月，怎么走过来的？她答一个“忍”字；又问男主人，他答一个“让”字。听似不可思议，实则金玉良言。如果两个人是相爱的，你不能容忍他，你也就不能忍耐除他之外任何一个你重新选择的人，你也就永远无法拥有一份长久而真实的感情，除非你真的不爱。

《圣经》里给爱的定义是——恒久忍耐。如果你爱一个人，那么就永远忍耐他（她）的一切，反过来，如果你恒久忍耐一个人，那么你一定是非常非常爱他（她）的。

爱情真正的天敌，是时间，是岁月，爱情要战胜时间和岁月，凭的是温情而不是激情，要的是宽容而不是占有，靠的是宽容而不是要求，有的是真诚而不是虚情。

离婚告诉你爱的真谛

尽管现在女性的社会地位已有了很大的提高，但对于大多数女人来说，婚姻仍然是她们的全部。婚姻中的女人是幸福的、美丽的，从她们那弯弯如月的笑脸里，你会读懂女人的心。她们宁愿一辈子服侍着自己的男人。青春的岁月就这样在劳碌中过去，直到皱纹在不经意间爬满了面容。

每个人都希望自己的婚姻是天长地久的，可忽然有一天，却发现自己站在婚姻关系的边缘，这种生活中的遭遇使人如坠深渊，尽管单身生活已成事实，但还是无法从离异的阴影中走出来。

曾经，他和她特别相爱。相爱到离开半步就要思念，他亦对她说了很多海誓山盟，但这一切没有挡住他变心的脚步。他还是厌倦了，提出了离婚。

她哭了又哭，求了又求，但是，男人的一颗心没有回来，他说自己不爱了。轻易地就放弃了一段感情，她不许他放弃，于是与他死缠烂打，就是不离婚，抱着鱼死网破的决绝。于是，一所空房子出现了，他常常不回家，即使回家亦同她形同陌路。十年，他们过了十年的无性生活。

那十年，她形容枯槁，心如死灰，不再唱心爱的歌，不再穿最爱的衣裳，只想在这棵树上吊死自己。

那间大屋子里，没有男人，她独自守着一屋子的寂寞，想等待那个变了心的男人回来，但等来的，是他冰凉的言语和没有温暖的眼神，那眼神足可以杀死她吧！

终于，她心死了。十年足可以杀掉一个女人所有的情与爱，所以，她终于放弃了。以为自己不会再爱了，最好的青春在等待和折磨中过去了，多么不甘心啊！可是不久她遇到一个特别爱她的男人，她才知道自己虚度了多少光阴，爱情再来时，她简直不相信自己还可以光彩夺目，还可以像从前一样开朗，神采奕奕，有着花一样甜美的笑容……

她后悔死了，早知如此，何苦把十年光阴赌在一个人身上呢，不值啊！憔悴了的青春憔悴了的心，把光阴酿成一杯苦酒，其实，她完全可以把爱调成蜂蜜。

四十岁的她，又骄傲地昂起头，对自己说：我是女人中的极品。

经历了失败婚姻的人总喜欢把自己封闭起来，任凭自己沉浸在悲痛之中，别人的劝慰一律不听。觉得自己是当事人，自己最清楚自己的痛苦，没人能够真正理解自己的心情。他们往往会对爱情丧失希望，对爱情的前景心灰意冷，把自己的心用厚厚的警惕包裹起来，用行动证明着“一朝被蛇咬，十年怕井绳”。

其实，离婚是给自己寻找真爱的一个机会。恋爱的时候往往展现的是彼此最好的一面，激情遮蔽了爱的本来面目。结婚后，取代激情的柴米油盐式的平淡生活，真正的爱情不会因为平淡无奇而消失，能在这种细水长流的生活中相互包容与理解的爱情才是真正的爱。

离婚两年后的马莉再次走入了婚姻，她和老公都是第二次婚姻。都有过出城再进城的经历，对第二次婚姻便有劫后余生的珍惜。马莉坦言，在上一段婚姻中，彼此都不懂包容珍惜，离婚后才学会了如何去爱，如何经营自己的婚姻。马莉这样描述自己的第二段婚姻：

他懂得欣赏我，激励我发挥自己的潜能。以前我不太会烧菜，只能简单地将生的做熟，但他每次都可以将我“水煮盐拌”的菜吃得精光，还讨好卖乖地说“老婆做的什么东西都好吃”。为了证明自己也是个“上得厅堂，入得厨房”的新好女人，我学会了烧菜。为了鼓励我，他给菜取名：简单的菠菜豆腐汤是“暗送秋波”；瘦肉丝炒黄豆芽叫“勾勾搭搭”，象形；芹菜馅的饺子，叫“情投意合”，因为是“芹菜投进去一合”就成，谐音。

周末他会趁我睡懒觉的工夫亲自下厨，花三个小时煲上一锅骨头汤，再放上枸杞、红枣、莲子，怕我嫌油，一勺勺地撇去上面的浮油。他说女人过了30岁就要经常补补……

这就是我想要的生活，充满烟火气息，平平淡淡又实实在在。只要想到他看我的眼神里充满了疼爱，我就觉得做家务做得再苦再累都值得。

的确，一段婚姻的失败，往往是由于双方彼时尚懂得什么是真爱，却不懂用一种成熟的方式去处理生活中的摩擦。在经历一次失败后，才能领悟到爱情、婚姻的真谛。知名主持人杨澜曾经也有过一段失败的婚姻，多年以后再回首这段经历时，她曾说："最难的选择是选择一个老公。你需要什么样的男人，什么样的生活，初恋是想不清楚的。"

家是讲爱的地方，不是讲理的地方

南怀瑾先生在讲到饮食男女时说，我们这个世界之所以闹了那么多事，中华民族五千年的历史，你打过来，我打过去，这里拆房子，那里盖房子，就是两个人闯的祸，一个男人，一个女人。人如果到了无男无女，无饮食需要，不知可以减少多少烦恼。其实南怀瑾先生的这番话，看似调侃，实则大有深意。因为男人和女人组成家庭，家庭组成国家。其实国家有问题，那一定是最基本的家庭出问题了。

但是家庭的问题在哪里呢？我们常说清官难断家务事，家庭的事情的确不好评判。实际上评判家庭里发生的事情，也不能太较真，借用别人一句话，那就是家从来都不是讲理的地方。道理虽然很简单，可是多数人都做不到。

很多人刚谈恋爱的时候，可以容忍对方的很多缺点，但是一结婚就不行了。可是当他们吵架的时候，如果有客人来了，大家就立刻停下来，笑脸相迎，因为宾客来了。所以相敬如宾能够使夫妻关系长久。具体什么叫相敬如宾呢？其实一言以蔽之就是：家，是讲情的地方，不是说理的地方。夫妻之间若要论理，则家无宁日。

有这样一对老夫妻，当他们得知女儿要结婚时，心里非常高兴，夫妇俩送给女儿一个锦囊，里面有封信，把他们自己多年的婚姻生活体验告诉了女儿，信中说："这就算祝福你的新婚礼物。"

他们在信中告诉女儿："家不是个讲道理的地方。"他们说："这句话乍听没有道理，但却是真理，是多少夫妇，用多少岁月、尝了多少辛酸，在纠缠不清、难解难分的爱恨、是非的混乱中，梳理出来的一个结论。当夫妇开始据理力争时，婚姻便开始蒙上阴霾。表面上是讲道理，其实两人都不自觉地抱着满脑子自以为是的歪理，相互敌视、互相伤害，讲理讲到最后，只落得个两败俱伤，分道扬镳的结局。"

"家"的确不是讲理的地方，家是讲"爱"的地方，家最需要的是宽容和理解。

有人说，世上有三种人可以不讲理：一是疯子，二是病人，三是情人。情人为什么可以不讲理呢？因为两人之间有感情、有依赖和信任等，不是可以用道理说清楚的东西。既然用道理无法说清楚，讲道理自然就行不通了。

谈恋爱的时候，男人似乎很能容忍女人的不讲理。有时候，女友的蛮横、赌气、吵吵闹闹反而是爱情中的小插曲，能把爱情点缀得更甜蜜。可是，女友一旦成为妻子，男人的好脾气一下子就消失了，因为他们已转换成丈夫，变成一家之主了。但女人的角色转换过程比较慢，她们大都还在做梦，隔三差五还想跟丈夫赌赌气，耍耍大小姐脾气，还想让丈夫哄着她让着她。遗憾的是，她们的丈夫早已不是那个恋爱时处处让着她的男孩子了，他们会生气，会开始要求老婆"做事说话请讲道理"。而这个"讲道理"，免不了就要伤害夫妻间的感情了。

有人说，男女两性的感情历程不同，男人是从百花齐放的春天很快进入炎热的夏季，而炽热的情火燃烧之后就迅速地进入成熟的秋天，不久，寒冷的冬季就来临了。女人不一样，她们长久地在春日里徘徊，很久很久才进入燃烧的夏季，接着，她们并不马上步入秋日的成熟，而是缓缓地再度转回春季，继续徜徉在温暖的春光里。所以，有很多女人，包括一些十分优秀的女人，在自己的爱人面前，感情却都脆弱得很，是禁不住打击的。

萍是一位中年职业妇女，在公司里当主管，她平时待人谦和，处理公事有条有理，对待亲朋好友周周到到。可是在家里，尤其是在丈夫面前，却常发脾气，有时还会莫名其妙地和丈夫怄气。

刚开始，丈夫很不能理解，对她说："你是个明理的人，怎么偏偏跟我在一起时会这么不讲理呢？"萍想了一想，回答说："我只能跟你发脾气，跟别人发脾气，谁理我呀？"虽然这个回答蛮不讲理，但从妻子的口里说出来却很自然。

这时候，做丈夫的能够跟妻子争辩吗？争辩又有什么用呢？浪费体力、破坏感情而已。

懂得爱你的妻子，懂得在你妻子"不讲理"的时候宽容一些，是一个丈夫走向婚姻圣坛的第一课。

莲说了一件她自己婚姻中的故事：那是个秋日微凉的黄昏，她刚跟丈夫怄过气，披散着一头湿淋淋的乱发，站在阳台上，任风阵阵地吹着。

丈夫突然拿着吹风机走过来，向她说："好了！坏女孩！快进来把头发吹干。"

一头湿气渐渐散尽时，丈夫有感而发地说："或许，几十年后的某个黄昏，你一个人独坐的时候，会忽然想起眼前的这一刻，而我那时已经先你而去了。"

听了这话，莲说："刹那间体会到丈夫心中那份疼惜我的心情。"

佛语说："十年修得同船渡，百年修得共枕眠。"而千年之后又能相守几时？

在莲的回忆里，丈夫在争吵之后帮她吹头发时说的话，深深地打动了她，让爱耍脾气的莲领略到，夫妻俩的感情有多珍贵。宽容与体贴是增进夫妻感情的良药。男人们应该多注意另一半的优点，并找合适的时间告诉她，她便能很快地满足了。

家庭成员尤其是夫妻之间不能太较真，不能太讲理，其实夫妻之间不需要这些，他们需要的是宽容，需要的是爱。家庭是社会的最基本单位，一个能处理好家庭问题的人，在做其他事情的时候也一样能成功，因为他具备了几种优秀品质：责任、包容、关爱、理解。

不要和不幸的人共度余生

选择一个男人，就意味着选择一种生活方式。而这就像炒股，如果你选了一支绩优股、潜力股，那幸福就在不远处；如果你选错了，找了一支“垃圾股”，那就等着狂跌到底吧。所以，女人一定要在婚前擦亮慧眼，千万不要和不幸的“垃圾股”男人共度余生。以下列举了几种打死都不能嫁的男人，想幸福的女人一定要看哦！

1. 出身贫穷或贫困生活超过两年以上的男人

无论是在大学的校园里，还是在单位中，总会有一些出身贫苦的男人惹得女孩子的几分注意，因为他们虽然出身不好，却有几分姿色，或者有超出常人的才能，所以可以博得处世不深的女孩子的青睐。这种男人千万不要招惹，他们从小就受到歧视，饱受世态炎凉，虽然他们看起来比较淳朴善良，但是由于长时间的心灵封闭，总有一些心理的扭曲，内心怀有一种莫名的仇恨感。如果和这种男人交往，你得到最多的是伤害，因为他们从来不会相信有人会无缘无故地对他好，你对他付出得越多，你受到的伤害也就越深。

2. 感情路过于坎坷的男人

感情路过于坎坷的男人，由于受过伤害，一般很难再动真感情，此时的婚姻对于他来说，或许更多的是一种形式。嫁给这样的男人，是不会给你带来真正的幸福的。

3. 怀才不遇、牢骚满腹的男人

这样的男人看似傲气十足、盛气凌人，表面看起来很优秀，骨子里却是一个不负责任的人。在现实生活中，他们往往高不成低不就，做不出任何成绩，总是诉说自己如何怀才不遇，如何壮志难酬。你若嫁给他之后，除了天天要听他发牢骚之外，还得一个人独自担起养家的重任。

4. 比自己弱势的男人

男人需要崇拜，而女人需要宠爱，一个女人只有在比自己强大的男人面前，才会有小鸟依人的感觉。如果女人比男人还要强势，她就会牢骚满腹，再没有俯首为臣的感觉了，这样就会滋生男人的自卑感，就算你真心真意地对他好，他也会感觉你打心眼里瞧不起他。一旦他有了发家致富的机会，这种男人不会想到“一日夫妻百日恩”这句话，更不会记得你和他同甘共苦的日子，最先做的事情就是“休妻”。仿佛他所有的付出和奋斗就是为了摆脱让他喘不过气的女人，然后再找一个对他仰视和崇拜的“小女人”。

5. 在家庭暴力中长大的男人

这样的男人极有可能带有暴力倾向。暴力男人就如同一只疯狗，你随时随地都会有被“疯狗咬”的危险性。也许有的时候他会对你百依百顺，但是很多时候，你都会被他打得遍体鳞伤。不是拳打脚踢，就是扇你耳光，这种男人绝对要不得，哪天莫名其妙地命丧黄泉，还不知道自己为何而死！

6. 事业落魄的离婚男人

这种男人不仅在感情上失败，在事业上也是处处碰壁：他们不是装得老实忠厚，就是表现出为情所伤的可怜巴巴的样子，千万不要相信他怀才不遇的鬼话，更不要听他讲述前妻的不是。这种男人是碰不得的，他们不仅在事业上没有成就感，而且长期被女人疏远，总是患有严重的性饥渴，为了得到一时的欲望满足，他们坑蒙拐骗，无恶不作，所以对这类男人一定要小心，再小心。